涡轮机械与推进系统出版项目
航空发动机技术出版工程

航空发动机等离子体点火助燃技术

吴 云 著

科 学 出 版 社

北 京

内 容 简 介

本书介绍了航空发动机等离子体点火助燃技术研究成果,包括多通道放电等离子体点火、滑动弧等离子体射流点火、滑动弧等离子体助燃、火焰稳定器等离子体流场调控、滑动弧等离子体辅助雾化、滑动弧等离子体油气活化等内容。

本书可作为航空航天相关专业科研人员和工程技术人员的参考书,也可作为从事航空发动机燃烧、等离子体点火助燃研究的教师和研究生的参考书。

图书在版编目(CIP)数据

航空发动机等离子体点火助燃技术/吴云著.
北京:科学出版社,2024. 11. -- ISBN 978-7-03
-079758-2

Ⅰ. V231.2

中国国家版本馆 CIP 数据核字第 2024MK3108 号

责任编辑:徐杨峰/责任校对:谭宏宇
责任印制:黄晓鸣/封面设计:殷 靓

科 学 出 版 社 出版
北京东黄城根北街 16 号
邮政编码:100717
http://www.sciencep.com

南京展望文化发展有限公司排版
苏州市越洋印刷有限公司印刷
科学出版社发行 各地新华书店经销

*

2024 年 11 月第 一 版　开本:B5(720×1000)
2024 年 11 月第一次印刷　印张:16 1/2
字数:320 000

定价:150.00 元
(如有印装质量问题,我社负责调换)

涡轮机械与推进系统出版项目

顾问委员会

航空发动机技术出版工程
专家委员会

航空发动机技术出版工程

编写委员会

涡轮机械与推进系统出版项目
序

    涡轮机械与推进系统涉及航空发动机、航天推进系统、燃气轮机等高端装备。其中每一种装备技术的突破都令国人激动、振奋,但是由于技术上的鸿沟,使得国人一直为之魂牵梦绕。对于所有从事该领域的工作者,如何跨越技术鸿沟,这是历史赋予的使命和挑战。

    动力系统作为航空、航天、舰船和能源工业的"心脏",是一个国家科技、工业和国防实力的重要标志。我国也从最初的跟随仿制,向着独立设计制造发展。其中有些技术已与国外先进水平相当,但由于受到基础研究和条件等种种限制,在某些领域与世界先进水平仍有一定的差距。在此背景下,出版一套反映国际先进水平、体现国内最新研究成果的丛书,既切合国家发展战略,又有益于我国涡轮机械与推进系统基础研究和学术水平的提升。"涡轮机械与推进系统出版项目"主要涉及航空发动机、航天推进系统、燃气轮机以及相应的基础研究。图书种类分为专著、译著、教材和工具书等,内容包括领域内专家目前所应用的理论方法和取得的技术成果,也包括来自一线设计人员的实践成果。

    "涡轮机械与推进系统出版项目"分为四个方向:航空发动机技术、航天推进技术、燃气轮机技术和基础研究。出版项目分别由科学出版社和浙江大学出版社出版。

    出版项目凝结了国内外该领域科研与教学人员的智慧和成果,具有较强的系统性、实用性、前沿性,既可作为实际工作的指导用书,也可作为相关专业人员的参考用书。希望出版项目能够促进该领域的人才培养和技术发展,特别是为航空发动机及燃气轮机的研究提供借鉴。

张彦仲

2019 年 3 月

航空发动机技术出版工程

序

航空发动机被誉称为工业皇冠之明珠,实乃科技强国之重器。

几十年来,我国航空发动机技术、产品及产业经历了从无到有、从小到大的艰难发展历程,取得了显著成绩。在世界新一轮科技革命、产业变革同我国转变发展方式的历史交汇期,国家决策进一步大力加强航空发动机事业发展,产学研用各界无不为之振奋。

迄今,科学出版社于2019年、2024年两次申请国家出版基金,安排了"航空发动机技术出版工程",确为明智之举。

本出版工程旨在总结、推广近期及之前工作中工程、科研、教学的优秀成果,侧重于满足航空发动机工程技术人员的需求,尤其是从学生到工程师过渡阶段的需求,借此也为扩大我国航空发动机卓越工程师队伍略尽绵力。本出版工程包括设计、试验、基础与综合、前沿技术、制造、运营及服务保障六个系列,2019年启动的前三个系列近五十册任务已完成;后三个系列近三十册任务则于2024年启动。对于本出版工程,各级领导十分关注,专家委员会不时指导,编委会成员尽心尽力,出版社诸君敬业把关,各位作者更是日无暇晷、研教著述。同道中人共同努力,方使本出版工程得以顺利开展、如期完成。

希望本出版工程对我国航空发动机自主创新发展有所裨益。受能力及时间所限,当有疏误,恭请斧正。

2024 年 10 月修订

本书序

　　航空发动机的可靠点火与稳定燃烧是保证飞行安全的前提。在高空、高原、高寒等极端条件下,航空发动机可靠点火与稳定燃烧面临严峻挑战。等离子体点火助燃被国际公认为解决极端条件下点火与燃烧问题的创新技术。美国国防部安排了等离子体助燃方面的跨大学合作研究(MURI)计划项目,支持俄亥俄州立大学、普林斯顿大学、宾夕法尼亚州立大学、佐治亚理工学院、巴黎中央理工大学、巴黎综合理工大学等单位开展基础研究;在多个航空发动机预研计划中也安排了研究项目。据报道,俄罗斯苏-35战斗机发动机上采用了等离子体点火技术。我国在国家自然科学基金、国家重大科技专项、装备预研等多个计划中支持了等离子体点火助燃项目。等离子体点火助燃也是航空动力系统与等离子体技术全国重点实验室的一个重要研究方向。

　　吴云教授带领一支年轻老师和学生组成的研究团队,走出了一条航空发动机等离子体点火助燃技术创新之路,进而总结形成了本书。针对航空涡轮发动机燃烧室点火助燃问题,他们发展了多通道放电等离子体点火方法、滑动弧等离子体射流点火方法、滑动弧等离子体助燃方法;针对亚燃冲压发动机燃烧室点火助燃问题,他们发展了蒸发式火焰稳定器等离子体流场调控方法、滑动弧等离子体辅助雾化与油气活化方法。有的方法既适用于涡轮发动机,也适用于冲压发动机;有的方法正在走向工程应用;有的方法还处于关键技术攻关阶段。

　　航空等离子体点火助燃技术是一个系统工程,涉及航空宇航推进理论与工程、工程热物理、电气工程等多个学科,需要学术界和工业界同行的共同努力。这本书的出版将为我国航空发动机等离子体点火助燃技术的创新和应用提供一个重要的参考资料,期待能够得到读者的肯定与支持。

李应红

2024 年 6 月

前　言

　　航空发动机是国之重器,可靠点火与稳定燃烧是保证飞行安全的前提。航空涡轮发动机、冲压发动机和涡轮冲压组合发动机,在高空、高原、高寒等极端条件下都面临严峻的可靠点火与稳定燃烧挑战。等离子体点火助燃,利用等离子体的独特物理化学效应,可以有效拓展点火与燃烧边界。国际上开展了大量的等离子体点火助燃基础研究和技术研发工作。近十年来,作者带领团队面向重大需求,立足自主创新,开展了航空发动机等离子体点火助燃技术研究。作者对团队的研究成果进行总结并成书,希望能为等离子体点火助燃技术的发展助力。

　　本书共8章:第1章主要介绍重大需求、等离子体点火助燃研究现状和本书框架;第2章针对低气压环境点火困难的问题,阐述多通道放电等离子体点火方法及其原理验证;第3章针对拓展旋流燃烧室高空点火边界的需求,阐述多通道放电等离子体点火特性;第4章针对提升旋流燃烧室火核穿透能力与化学活性的需求,阐述滑动弧等离子体射流点火方法;第5章针对拓展极端条件下熄火边界的需求,研究滑动弧等离子体助燃方法;第6章针对亚燃冲压燃烧室蒸发式火焰稳定器流场调控的需求,阐述等离子体流场调控方法;第7章针对改善蒸发式火焰稳定器雾化特性的需求,阐述滑动弧等离子体辅助雾化方法;第8章针对提升蒸发式火焰稳定器油气活性的需求,阐述滑动弧等离子体油气活化方法与亚燃冲压燃烧室等离子体点火助燃实验验证。全书由吴云统编定稿,林冰轩、黄胜方、张志波、贾敏等参加了撰写工作。

　　本书的研究工作得到了国家自然科学基金、国家重大科技专项基础研究、装备预研等项目的支持,得到了李应红院士的大力指导,得到了李军教授、贾敏教授、宋慧敏教授、张志波副教授、崔巍副教授、金迪副教授、陈鑫副教授、陈一讲师、朱益飞讲师、郭善广讲师、宋飞龙讲师等同事的大力帮助,并得到了多个兄弟单位同仁的大力支持。林冰轩、黄胜方、刘枭、黄章凯、蔡邦煌、林冬、王威镇、苗慧丰、李佳豪、程信尧、孙久伦、何羊羊、臧银祥等研究生也为本书中的研究成果付出了大量心血,其中苗慧丰为本书的校对和修改做了大量工作。本书中的部分成果获得了省部级科技进步一等奖,部分内容入选了美国航空航天学会全球等离子体动力学领域重要进展综述,林冰轩博士获得了全军优秀博士论文,黄胜方博士获得了中国航空学会优秀博士论文,感谢学术界同行的肯定和鼓励。

　　航空发动机等离子体点火助燃技术正处于蓬勃发展之中,本书的内容仅仅体现了作者团队的阶段性研究成果,加上作者学术水平有限,书中难免存在不足与疏漏,恳请读者批评指正。

作者
2024 年 5 月

目　录

第1章　绪　　论

第2章　多通道放电等离子体点火方法及原理验证

第6章　亚燃冲压燃烧室等离子体流场调控研究

第7章 亚燃冲压燃烧室滑动弧等离子体辅助雾化研究

第8章 亚燃冲压燃烧室滑动弧等离子体油气
活化研究与点火助燃验证

第1章
绪　论

作为航空发动机的核心部件之一,燃烧室在发动机设计、研制过程中具有十分重要的地位,被誉为"心脏"的"心脏"。拓展高空低温、低压等极端条件下的燃烧室点火与燃烧边界,对于航空发动机创新发展与安全使用具有重要意义。等离子体是物质第四态,具有独特的物理化学特性。等离子体点火助燃是国际上的研究前沿,可以大幅拓展点火与燃烧边界。

1.1　拓展航空发动机点火与燃烧边界的重要需求

航空发动机包括航空涡轮发动机和涡轮冲压组合发动机等类型,相应的燃烧室包括主燃烧室、加力燃烧室和冲压燃烧室。地面或空中起动可靠点火,是型号设计的首要要求;而熄火则直接影响运行安全,必须极力避免。点火和熄火特性对航空发动机整机性能与安全性有重要影响。点火和熄火是燃烧室发展中的老问题,也是新问题,随着航空装备使用边界的拓展和新型航空发动机的发展,极端条件点熄火的内涵也在不断拓展。

1.1.1　航空发动机点火与熄火问题

典型的航空涡轮发动机主燃烧室结构如图 1.1(a)所示,主要包括扩压器、旋流器、燃油喷嘴、点火器、火焰筒或环形燃烧室和壳体。典型的加力燃烧室结构如图 1.1(b)所示,主要包括燃油喷嘴、点火装置、火焰稳定器和筒体。

典型的亚燃冲压燃烧室如图 1.2(a)所示,结构与航空发动机加力燃烧室相似,火焰稳定装置主要由钝体火焰稳定器组成,包含值班火焰稳定器与主流火焰稳定器。典型的超燃冲压燃烧室如图 1.2(b)所示,火焰稳定装置主要由凹腔、支板及其组合装置组成。

航空发动机燃烧室采用的是煤油液雾燃烧,点火、火焰传播和熄火强烈受控于复杂湍流混合和燃烧反应动力学过程,其本征描述是流场当地的化学反应释热与其流动扩散的平衡关系,如图 1.3 所示。点火过程中,电火花释能诱导燃料点燃产

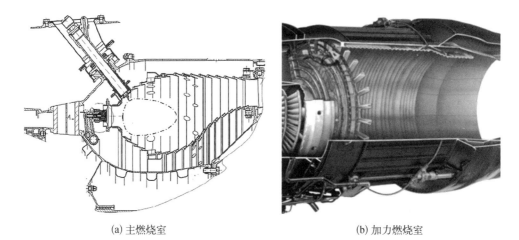

(a) 主燃烧室　　　　　　　　　　　　　　　(b) 加力燃烧室

图 1.1　航空涡轮发动机主燃烧室和加力燃烧室

(a) 亚燃冲压燃烧室　　　　　　　　　　　　(b) 超燃冲压燃烧室

图 1.2　亚燃冲压燃烧室与超燃冲压燃烧室

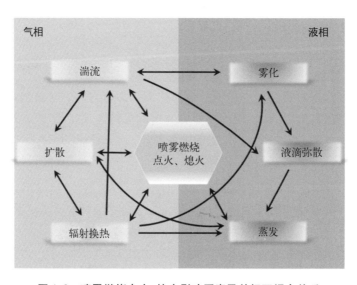

图 1.3　喷雾燃烧点火、熄火影响因素及其相互耦合关系

生初始火核,生成小尺度的火焰向周边传播,进而点燃更多的油气混合物,直至火焰传播达到整个燃烧室并进入稳定燃烧状态。当地化学反应释热作用小于流动扩散对能量的传递和耗散作用时,即可能发生局部熄火。在特定情况下局部熄火向周边流场传播,进而引发全局熄火。几十年来,国际上的燃烧室点熄火机理研究取得了很大进展,但仍有大量问题尚不清楚。点熄火是复杂的气液两相湍流流动燃烧化学反应,其中湍流、液滴、化学反应之间的相互作用非常复杂。特别是在燃烧室头部,湍流影响液滴的空间分布,湍流混合和液滴蒸发都影响化学反应,释放热量又影响液滴的蒸发以及湍流脉动。点火过程是一个极其复杂的高湍流度气液两相耦合流动、雾化、蒸发及化学反应的非定常随机过程。

航空发动机燃烧室采用的是强迫点火,点火器头部的高压电场击穿周边空气,产生电弧等离子体,将附近的油气混合物点燃,形成初始火核,进而向上游传播,产生稳定火焰。典型的点火过程分为三个阶段:第一阶段是初始火核的产生;第二阶段是火核向上游的传播和火焰的稳定;第三阶段是火焰向相邻头部的传播和联焰,如图 1.4 所示。

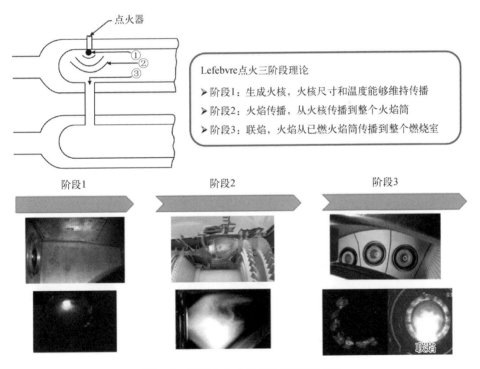

图 1.4　燃烧室点火的三阶段发展过程

燃烧室的油气比等工作参数发生显著变化时,会发生熄火现象。典型的燃烧室熄火过程分为三个阶段:第一阶段是局部熄火;第二阶段是局部熄火比例增大、脉动频率增大;第三阶段是全局熄火,如图 1.5 所示。

稳定燃烧　　1 火焰抬升　　2 局部熄火　　3 全局熄火

图 1.5　燃烧室熄火的三阶段发展过程

　　喷雾点火、燃烧和熄火过程主要受到湍流流动、燃料理化特性和燃烧特性等方面的影响,如图 1.6 所示。从湍流流动的影响来看,点熄火特征不仅受到燃烧室构型所诱导的大尺度流动结构(回流区、旋涡等)及相应的流场状态参数(温度、速度、压力分布等)的影响,还受到局部化学反应能量输运与湍流小尺度耗散作用,点熄火区域瞬时流场变量分布等初始/边界条件的影响,以及局部湍流场特性的非定常作用的影响等。例如,局部流场变量强脉动会诱导火焰面褶皱、断裂、脱落,导致火焰传播的不稳定甚至终止。

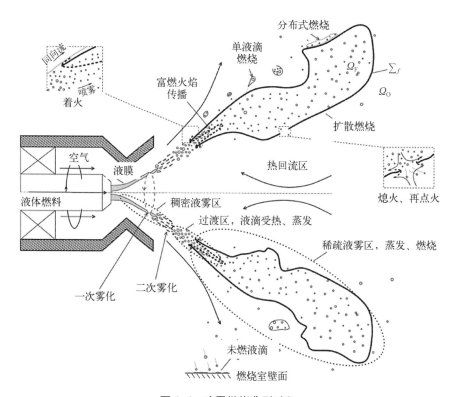

图 1.6　喷雾燃烧典型过程

1.1.2　拓展点火与燃烧边界的重要需求

随着航空发动机工作包线不断拓展,包线附近或之外的工作点大幅偏离设计工况,经常发生点火失败及熄火故障。这些难以点火、易于熄火的工作条件,称为极端条件。典型的极端条件分为两类。第一类是极端自然条件,包括:高原、高空、高寒、吸雨、吸冰、吸雹等,通常位于工作包线的左侧或者上边界附近,燃油雾化蒸发速率和化学反应速率显著降低;第二类是极端工作条件,包括:快收油门导致燃油量突变、飞机大机动导致燃烧室进气畸变、吸入导弹发射的废气等,很容易越过工作包线。

高空、高原、高寒、高湿、进气畸变、快速节油等极端条件下,燃烧室工作条件急剧变化,点熄火边界显著变窄,严重影响装备安全和使用效能发挥。低压、低温环境下煤油黏性增大、含氧量减小,对煤油雾化、蒸发、着火、火焰传播等环节都有重要影响。煤油雾化蒸发速率和化学反应速率显著降低(化学反应速率与气压平方成正比),最小点火能量显著增大(与燃油粒径的四次方成正比,燃油粒径最大可达 300 μm),火焰传播速度显著减小(与燃油粒径成反比),导致着火困难,火焰传播速度低。

我国有世界上最多的高原机场,总数约占全世界的76%,其中稻城亚丁机场海拔 4 411 m,是世界上海拔最高的机场。发动机高空再点火能力对于飞行安全至关重要。对于高空长航时无人机,发动机主燃烧室在高空小表速左边界工作时,随着流量和密度的下降,加上供油量减少,使得燃烧室内的火焰区体积状态较设计状态大为缩小,释热率和化学反应速率下降,很容易造成主燃烧室熄火。慢车工况是燃烧室的最小稳定工作状态,稳定燃烧的边界最窄,最容易发生熄火,这就要求燃烧室的设计必须为贫油熄火留有足够的裕度,以防止在恶劣条件下发生熄火的危险,吸雨、吸冰、吸雹也是民机发动机适航取证的必须科目。快收油门时,燃油量突变,而进气量下降速度较慢,因此,燃烧室实际工作的油气比与同样的稳态转速下的油气比相比要贫很多,很容易越过贫油熄火边界,导致熄火。发动机急剧减速时,很容易靠近或越过贫油熄火边界。

对于新一代高温升燃烧室,总油气比大幅度上升,为了不产生冒烟现象,主燃区的设计倾向于贫油预混,混合得越好,贫油熄火性能越差;慢车状态下,燃烧室空气量相对更多,更易发生贫油熄火;由于主燃区空气量大大增加,流速增加,也使得贫油熄火油气比大大增加。对于新一代低污染燃烧室,正在不断朝着贫油燃烧技术方向发展,对点火提出了更高的要求,为了降低 NO_x 排放,燃烧室主燃区的油气比十分均匀,而混气越均匀点火越困难;并且点火电嘴附近及回流区内的油气比往往偏低。与常规燃烧室相比,新一代高温升、低污染燃烧室的传焰和联焰更困难。例如:由于高温升燃烧室火焰筒头部高度增大,在点火时,即使在火花塞附近形成火焰核心,火核也不易传进回流区,容易造成点火失败。高温升燃烧室头部的平均气流速度大幅增加,使火焰核心散热增强,这就需要更大的点火能量及点火持续时间以产生及维持足够大的火焰核心。在面临高空、高原、高寒、吸雨、过渡态等极端情况,高温升燃烧室、低污染燃烧室的点熄火特性将会更加恶化。极端条件点熄火研究贯穿了新一代先进燃烧室技术成熟度提高的全过程。美国通用电气(General Electric,GE)公司双环预混旋流(twin annular pre-mixing swirler,TAPS)燃烧室、英国罗罗公司贫油直喷(lean direct injection, LDI)燃烧室的研发都遵循了这一规律。罗罗公司支持剑桥大学在基础燃烧室上开展了大量点熄火机理研究,并基于模型/部件高空点火特性实验台,在燃烧室及发动机设计的各个环节都进行了高空点熄火特性的试验,掌握了全面的燃烧室高空点熄火边界特性。

对于加力燃烧室,其工作温度较高,对于点火有利,但其含氧量降低对点火带来很大的不利因素,尤其对于第五代机的高温升燃烧室,其含氧量可低至12%,比正常空气中的含氧量降低一半,含氧量降低与温度提高两相抵消的作用结果会对点火造成多大影响,尚不清楚。在高空条件下接通加力,由于压力降低,燃油雾化特性恶化,火焰稳定器回流结构也相应变化,使得加力燃烧室高空小表速接通时问题同样比较突出。

临近空间飞机使用的涡轮冲压组合发动机,需要面对更多的高空点火工况,模态转换时的点火性能直接影响装备战技指标。美国的先进全状态发动机(Advanced Full Range Engine,AFRE)的战技指标说明中明确要求,冲压发动机和涡轮发动机能够实现多次可靠地重复点火。对于并联式涡轮-亚燃冲压组合发动机,进一步拓宽冲压发动机起动与稳定工作的速度下边界,提升模态转换阶段发动机性能,具有重大而迫切的研究需求。目前,并联式TBCC模态转换的飞行马赫数区间为2~3,在此区间内,涡轮发动机逐渐关闭,冲压发动机起动并最终单独提供动力,完成模态转换。这样的转换条件和方式存在着三个问题:一是冲压流道在冷流状态下的流动损失和阻力很大,严重影响飞行器的加速性;二是冲压发动机点火起动马赫数和涡轮发动机的最大工作马赫数相近,转换范围小,重叠时间短,导致转换过程中发动机推力小,严重制约飞行器的加速性;三是冲压燃烧室在低工况下的燃烧效率低,即使能够实现模态转换,但受到煤油雾化蒸发特性恶化、油气混合气活性降低、化学反应速率减慢等因素的影响,燃烧效率也将显著降低,发动机推力不够。进一步向下拓宽模态转换的速度范围,将大幅缩短冲压流道的冷流通流时间,提高冲压燃烧室的工作效率,减阻增推,从而提高飞行器在模态转换过程中的加速性。

相比于亚燃/超燃单模态发动机,双模态冲压发动机在一个流道内实现亚燃与超燃两种燃烧模态,具有更宽的飞行速度范围。因此,涡轮-双模态冲压组合发动机具有更强的技术优势,是近空间高速动力发展的重要技术途径之一。由于研制飞行马赫数3以上的燃气涡轮发动机十分困难,拓宽双模态冲压燃烧室的低马赫数启动边界到 3 以下,是马赫数为 0~6 涡轮冲压组合发动机发展中的关键技术之一。马赫数为 3 时来流总温和总压分别为 600 K 和 0.23 MPa,点火十分困难。

极端条件下,燃油雾化蒸发和化学反应速率显著降低,燃烧室工作条件急剧变化,大大偏离了燃烧室的设计工作状态。例如:高空点火是一个以极短时间尺度为特征的相变与二次雾化相耦合的过程,低温、低压给湍流液雾的扩散和蒸发带来很大的困难,使通过扩散供给火核的蒸气大大减少,难以形成可燃混合气,低温条件下的化学反应速率也显著降低,化学反应的热释放降低,很容易导致点火失败。在高应变率/强湍流条件下,存在一个临界应变率,在临界应变率之上,尽管当地混合物分数已达到可燃,但由于当地应变作用或高速引起的对流换热大而不能使火核传播开来,也会降低点火概率。纵观主燃、加力、冲压和组合等多种燃烧室,极端条件影响点熄火的因素概括起来,就是对非预混两相液雾湍流流动和化学反应动力学的作用,例如:低温低气压条件下,燃油粒径显著增大,化学反应速率、火焰传播速度显著减小,最小点火能几乎与压力的四次方成反比,随环境温度的减小也显著增加。畸变、过渡态等条件下,Karlovitz 数、Damkohler 数显著变化,是熄火发生的物理根源。

低压、低温、高速、高湿、贫燃等条件下的点火与熄火本质上是一个极端条件下的燃烧化学反应强制开始与被迫终止的过程,通过物理或化学的方法促进雾化蒸发、提高化学反应速率,是提高极端条件下点、熄火性能的基本途径。由于航空发动机燃烧室空气和燃油流量很大,物理加热改善雾化蒸发的功耗难以承受;通过等离子体改变点火和燃烧过程中的化学反应链并提高化学反应速率,有望成为破解这一难题的新思路。

1.2　等离子体点火助燃技术研究现状

等离子体是与固态、液态、气态并列的物质第四态。低温等离子体主要指基于气体放电技术产生的,由带电的正负离子、电子、自由基以及各种激发态粒子共同组成的物质集合[1]。低温等离子体在材料处理(刻蚀、沉积、镀膜)、生物环境(消毒、杀菌、癌症治疗)、电气工程(开关器件、绝缘材料)、能源动力(能源转换、点火助燃、气流控制)等领域发挥着重要作用。

等离子体点火技术已经有一百多年的发展历史,早在 1860 年,法国工程师就发明了基于电弧等离子体技术的火花塞点火器,并逐渐发展成为汽车发动机、航空发动机等动力装置的核心点火器件。早期的等离子体点火器以电弧加热为基本原理,主要依赖于气体完全电离形成的平衡(电子温度约等于气体温度)等离子体释放大量热量来实现燃料点燃。与航空发动机设计、材料、制造等技术的快速发展不同,等离子体点火器的发展相对较为缓慢,已经不能满足低温、低压、高速等极端条件下的点火需要。并且,已有的等离子体点火技术不具备助燃能力。为此,国际上都在探索发展新型等离子体点火助燃技术,这也是本书的主要内容。

普林斯顿大学琚诒光教授团队总结了等离子体点火助燃的三种主要机制[2]:热效应、动力学效应和传输效应,如图 1.7 所示。等离子体点火助燃机理涉及的学科领域十分广泛,从电磁学、等离子体化学、等离子体输运动力学到等离子体-燃烧时空耦合、燃烧反应与输运动力学,从微观领域的量子化学到宏观领域的流体力学,从飞秒、皮秒尺度的基础反应机理研究到秒尺度的工程点火技术研究。复杂的多学科交叉特性,一方面为等离子体点火助燃机理研究带来了极为丰富的科学内涵[2],另一方面要求面向等离子体点火助燃机理的研究需要在尽可能简单均匀、现象高度可重复的构型下开展,以便锁定关键过程,得到普遍性结论并推广至更为复杂的工程结构中去。

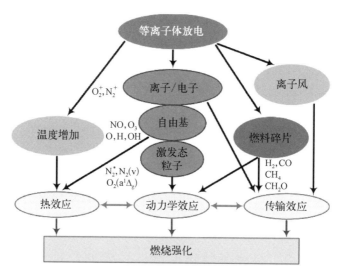

图 1.7 等离子体点火助燃主要作用机制[2]

2009~2014 年,美国国防部支持了面向等离子体点火助燃基础研究的多学科大学研究倡议(Multi-disciplinary University Research Initiative, MURI)项目: Fundamental Mechanisms, Predictive Modeling, and Novel Aerospace Applications of Plasma Assisted Combustion,目标是发展经过实验验证的等离子体助燃反应动力学机理和仿真程序,实现对非平衡等离子体作用下的反应过程进行预测。该项目汇聚了一批等离子体物理化学和燃烧学领域的顶级团队,包括美国俄亥俄州立大学、普林斯顿大学、宾夕法尼亚州立大学、莫斯科大学、莫斯科物理技术学院、巴黎中央理工学院、巴黎综合理工学院等。项目研究了多种典型非平衡等离子体对点火延迟时间、火焰稳定性与火焰传播速度的影响,为非平衡等离子体化学反应机理研究提供了大量实验数据,并开展了等离子体助燃仿真研究。美国"综合高性能涡轮发动机技术"(Integrated High Performance Turbine Engine Technology,IHPTET)等先进发动机预研计划,安排了等离子体点火技术研究任务。我国近年来通过"航空发动机及燃气轮机"重大科技专项、国家自然科学基金等渠道,安排了多项等离子体点火助燃机理与技术研究项目,取得了许多研究成果。下面主要结合本书主题,从旋流燃烧室、冲压燃烧室两个方面,介绍等离子体点火助燃技术研究进展。

1.2.1 旋流燃烧室等离子体点火助燃研究

针对以航空涡轮发动机主燃烧室为应用目标的旋流燃烧室,国际上开展了等离子体点火助燃拓展点火边界、贫油熄火边界,提高燃烧效率,缩短点火延迟时间,降低污染物排放,抑制燃烧振荡的大量研究工作,总体上可以分为两类:一是新型等离子体点火器研发;二是等离子体激励装置与燃烧室头部的创新集成。

1. 新型等离子体点火器研发

1989 年,罗罗公司和利兹大学合作,采用现役涡扇发动机的环管燃烧室,在高空模拟试验台上进行了等离子体点火试验,成功拓宽了点火边界[3,4]。相比于传统的表面半导体电嘴,等离子体射流点火器产生的火核传播速度显著增大,主燃区速度为 17 m/s 时,点火极限拓展超过 16%(图 1.8)。

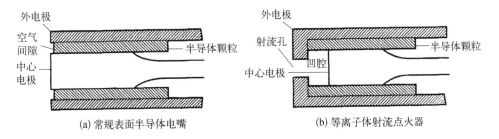

图 1.8 点火电嘴

(a) 常规表面半导体电嘴   (b) 等离子体射流点火器

美国应用等离子体技术(Applied Plasma Technologies,APT)公司 Matveev 从事等离子体点火助燃技术研发 40 多年;1990 年,在乌克兰成立等离子体科技公司,实现了等离子体点火系统的批量生产[5];2003 年,在美国成立 APT 公司,与普惠公司和美国能源实验室等部门开展合作[6];2005 年,进行了航空涡轮发动机燃烧室等离子体点火技术的模拟高空测试,验证了等离子体点火器在 12 km 高空具有良好的点火能力[7];研发了滑动弧等离子体射流点火器、等离子体燃油喷嘴、多模式等离子体点火系统等。低功率等离子体射流点火器如图 1.9 所示,其功率不到 100 W,主要工作在辉光放电模式,当从辉光转变为火花放电时,电流增大,输出瞬时高功率[8]。

等离子体燃油喷嘴将等离子体激励器与燃油喷嘴装置进行整合,实现等离子体激励、燃油雾化、火焰稳定等多个功能的集成[9]。初始设计采用直流/准直流驱动滑动弧放电等离子体,电压为 100~250 V,电流为 8 A。等离子体、空气和燃油喷

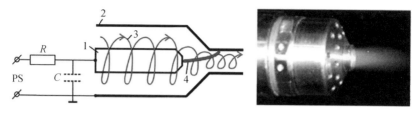

图 1.9　低功率滑动弧等离子体射流点火器

雾在喷嘴内相互作用,形成高强度的射流火焰,可以显著提高燃烧效率,缩小燃烧区域,降低壁面温度,使温度分布更加均匀。但是,这种低电压、高电流的工作模式对电极烧蚀严重,且依赖外置气源,严重降低了等离子体燃油喷嘴寿命(约 50 h)。后续采用非平衡等离子体,同时优化燃油雾化方式,提高等离子体工作电压、减小工作电流,有效解决了电极烧蚀问题,使燃油喷嘴的寿命提高到几千小时。基于雾化喷嘴和基于多孔雾化器的等离子体燃油喷嘴如图 1.10 所示。

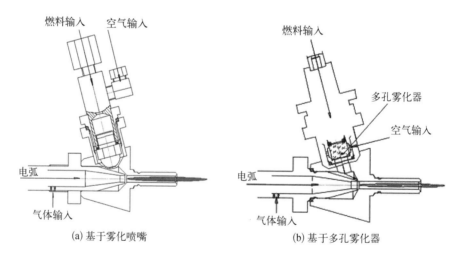

(a) 基于雾化喷嘴　　　　　　　　(b) 基于多孔雾化器

图 1.10　等离子体燃油喷嘴

多模式等离子体点火系统集成了热平衡等离子体(功率为 0.6~1.2 kW)和非平衡等离子体(功率小于 200 W)两种模式,可以根据需求灵活切换,满足点火与助燃两种工作场景对等离子体的需求,如图 1.11 所示[10]。

美国南加利福尼亚大学 Gundersen 教授基于纳秒脉冲等离子体放电技术提出了瞬态等离子体点火方法,等离子体点火器采用点面、线环形的布局,电极间施加 10~150 ns 脉宽、10~100 kV 的短脉冲高压。预混气点火实验表明,瞬态等离子体点火相比常规的火花点火具有更短的点火延迟时间、更大的压力峰值[11, 12],并计算获得了瞬态等离子体和火花等离子体的能量利用率[13]。放电过程和点火过程火核发展图像测试结果表明,瞬态等离子体能够产生更大的圆柱状火核,而火花点

(b) 热平衡等离子体模式

(c) 非平衡等离子体模式

(a) 点火系统

图 1.11　多模式等离子体点火系统

火只能产生单点火核(图 1.12)[14]。目前该技术已经走向产业化,成立了 Transient Plasma Systems Inc.,推动该技术在缩短点火延迟时间、减少 NO_x 排放、提升电嘴寿命、减少碳烟等方面发挥作用[15, 16]。

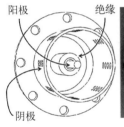
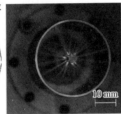
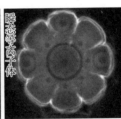

图 1.12　瞬态等离子体电嘴结构、放电图像和初始火核与火花对比[14]

　　哈尔滨工程大学郑洪涛教授团队针对拓展燃气轮机点火边界的需求,提出在等离子点火器阳极顶端迎风侧开设斜气孔的方案,将优化的等离子体点火器装载在某型燃气轮机上进行整机试验,显著提高了点火可靠性[17]。该团队还研制了等离子体射流点火器,火花穿透深度超过 30 mm,并通过数值模拟揭示了拓宽点火边界的机理[18]。

　　中国人民解放军空军工程大学何立明教授、于锦禄副教授团队研究了介质阻挡放电[19-21]、电弧[22-24]、滑动弧[25-28]等多种类型的等离子体点火方式,获得了其对燃烧室点火边界、燃烧效率、熄火边界、出口温度分布特性等的影响规律(图 1.13)。通过将等离子体放电结构与点火电嘴集成设计,研发了多种新型等离子体点火器,包括介质阻挡放电等离子体点火器[29, 30]、滑动弧等离子体点火器[25, 31]、预燃式等离子体射流点火器[32, 33],如图 1.14 所示。

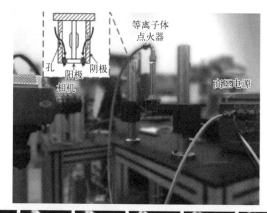

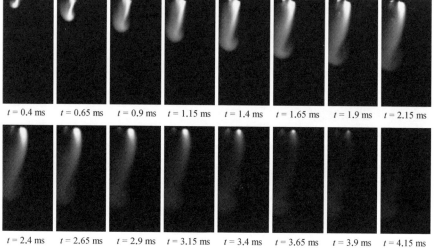

| t = 0.4 ms | t = 0.65 ms | t = 0.9 ms | t = 1.15 ms | t = 1.4 ms | t = 1.65 ms | t = 1.9 ms | t = 2.15 ms |

| t = 2.4 ms | t = 2.65 ms | t = 2.9 ms | t = 3.15 ms | t = 3.4 ms | t = 3.65 ms | t = 3.9 ms | t = 4.15 ms |

图 1.13 等离子体点火器及放电图像[18]

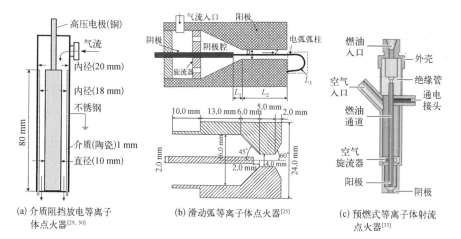

(a) 介质阻挡放电等离子体点火器[29, 30]

(b) 滑动弧等离子体点火器[25]

(c) 预燃式等离子体射流点火器[33]

图 1.14 等离子体点火器

中国人民解放军空军工程大学吴云教授团队为解决火花放电等离子体点火器放电效率低、放电能量小、火核尺寸小的问题,提出了基于阻抗调控的多通道放电等离子体点火方法(图 1.15)。通过阻抗调控实现了单电源多通道放电,大幅提升了等离子体电阻和放电效率[34]。由于通过阻抗调控实现多通道放电,虽然放电通道数显著增加,但是所需的发火电压增加有限[35]。低压容弹点火实验表明,多通道放电产生的火核更大,在低压下具有更高的点火成功概率[36,37]。设计研制了可原位替换现有点火器的多通道放电等离子体点火器,显著拓宽了地面和高空点火边界[38,39]。为了进一步增强点火能力,借鉴等离子体合成射流激励器设计思想,将表面多通道放电置于激励腔中,提出了嵌入式多通道放电等离子体点火方法,进一步拓展点火边界[40,41]。针对高空条件下燃油雾化锥角小、化学反应活性低的问题,研发了滑动弧等离子体射流点火器,显著拓宽了点火边界。

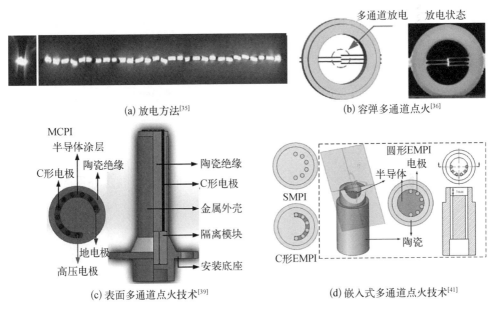

(a) 放电方法[35]

(b) 容弹多通道点火[36]

(c) 表面多通道点火技术[39]

(d) 嵌入式多通道点火技术[41]

图 1.15　多通道等离子体点火技术研究脉络

2. 等离子体激励装置与燃烧室头部的创新集成

巴黎中央理工学院 Laux 教授、Lacoste 教授团队对燃烧室头部纳秒脉冲等离子体点火助燃开展了大量研究。通过在旋流燃烧室头部施加高频纳秒脉冲放电等离子体激励,显著拓宽了预混丙烷空气贫油燃烧边界[42]。虽然等离子体功率仅占火焰功率的 0.3%,但却显著提高释热和燃烧效率。高流速下,不加等离子体激励时,火焰会被吹灭;施加纳秒脉冲等离子体激励后,会产生能够显著释热的间歇 V 形火焰。图 1.16 显示了施加等离子体对 OH^* 发光图像和燃烧模式的影响。随后研究了高频纳秒脉冲放电等离子体激励抑制旋流贫燃预混火焰燃烧振荡的效果

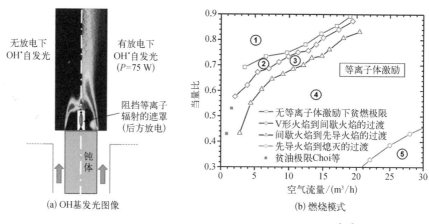

图 1.16 纳秒脉冲放电等离子体拓展贫油燃烧边界[42]

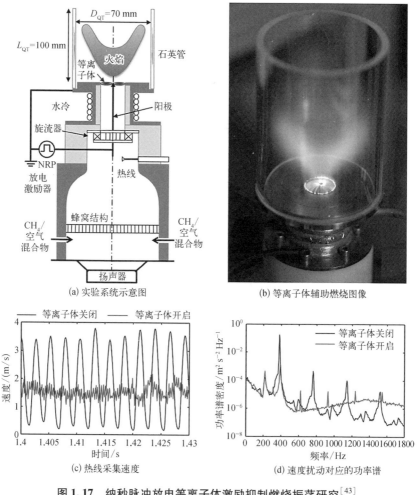

图 1.17 纳秒脉冲放电等离子体激励抑制燃烧振荡研究[43]

与机理,燃烧器功率为 4 kW,而等离子体激励系统功率不足 40 W。纳秒脉冲放电产生的热效应和化学效应作用,可以将燃烧振荡幅值降低一个数量级[43],如图 1.17 所示。随后将燃烧室旋流器与纳秒脉冲放电激励器集成,实验验证了纳秒脉冲放电等离子体拓展贫油熄火边界的能力,研究了放电频率、电极位置、全局流速对贫油熄火边界的影响规律[44]。采用平均功率 350 W 的激励电源(燃烧器功率的0.7%),可将贫油熄火边界拓宽 4 倍;放电频率对拓展熄火边界效果有重要影响,放电频率必须随流速增加而增加才能保持效果;电极位置也是重要的影响因素,必须保证放电区域同时接触油气混合物才能发挥作用。

美国 FGC 公司 Gomez 团队[46-50]基于高频纳秒脉冲放电技术,提出了预混燃油等离子体喷嘴方案,使贫燃熄火极限拓展 60%,低频振荡幅值降低 27 dB;为了获得等离子体激励在不同燃烧室中的特性,与凯斯西储大学、麻省理工学院、阿贡实验室等单位开展了合作研究,在某工业级旋流燃烧室中开展了等离子体助燃研究,在等离子体功率小于燃烧室热功率 0.4% 的情况下,燃烧室贫燃极限拓宽 50%;设计了含有光学观察窗的高压燃烧室,利用平面激光诱导荧光等测试技术研究不同等离子体燃油喷嘴强化燃烧特性;以旋流燃烧器外壁面为阴极,燃烧室中心嵌入阳极,设计了纳秒脉冲等离子体燃油喷嘴,研究了纳秒脉冲等离子体激励对燃烧稳定性的影响,没有施加等离子体时,燃烧室不稳定频率为 125 Hz,施加等离子体后频率变为 130 Hz,但是压力振荡幅值有所下降,如图 1.18 所示。

韩国国立蔚山科学技术院 Yoo 教授团队开展了基于介质阻挡放电激励器的等离子体点火助燃研究。将燃烧室旋流器与介质阻挡放电激励器集成,验证了非平衡等离子体拓展熄火边界、抑制燃烧振荡、减少 NO_x 和 CO 排放的能力[51]。研究揭示了等离子体拓展熄火边界的机理,低速情况下介质阻挡放电诱导的流注放电起主导作用;高速情况下介质阻挡放电产生的臭氧起主导作用[52];获得了介质阻挡放电激励电压、频率和燃烧室平均流速对 NO_x 排放的影响规律[53],如图 1.19 所示。

哈尔滨工程大学郑洪涛教授团队在燃烧室旋流器上集成滑动弧放电,开展了等离子体点火助燃研究。基础旋流燃烧器实验表明,滑动弧等离子体能够有效拓宽熄火边界,主流速度越低,拓展幅度越大[54]。他们开展了高炉瓦斯燃气的点火对比研究,常规火花电嘴无法点燃,而集成了滑动弧等离子体可以成功点火[55],如图 1.20 所示。

中国人民解放军空军工程大学何立明教授、于锦禄副教授团队,将滑动弧放电激励系统与燃烧室头部进行集成,开展了等离子体助燃研究[26, 27, 56],如图 1.21 所示。在多旋流器燃烧室头部的基础上,将副模文氏管设计为旋转滑动弧的内电极,利用第 1、2 级内外旋流器之间的文氏管内壁面作为旋转滑动弧的外电极,内、外电极组成滑动弧激励器[57]。随着输入功率的升高,滑动弧的点火能力随之提高,并具有显著的助燃效应,显著拓宽了熄火边界[56]。

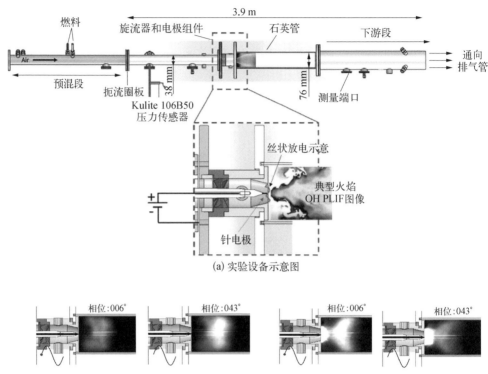

(a) 实验设备示意图

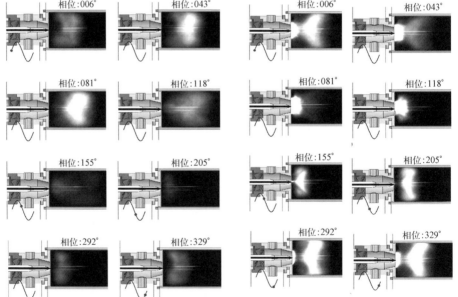

(b) 无等离子体时的不同相位燃烧特性　　(c) 施加等离子体时的不同相位燃烧特性

图 1.18　FGC 公司与麻省理工学院合作开展的等离子体抑制燃烧不稳定性研究[50]

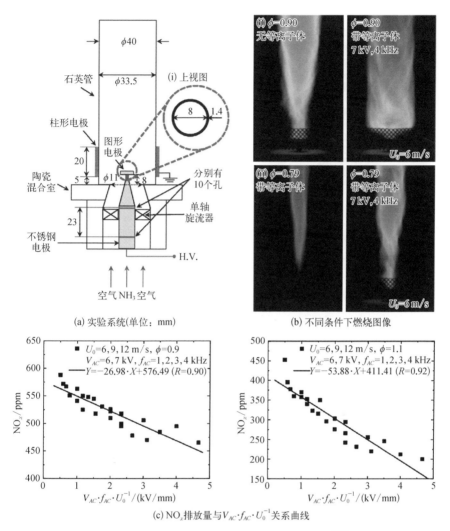

(a) 实验系统(单位：mm)

(b) 不同条件下燃烧图像

(c) NO$_x$排放量与$V_{AC} \cdot f_{AC} \cdot U_0^{-1}$关系曲线

图 1.19　DBD 等离子体抑制 NO$_x$ 排放的研究[53]

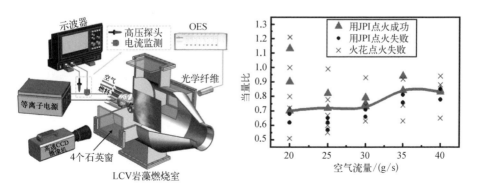

图 1.20　实验装置及点火边界对比[55]

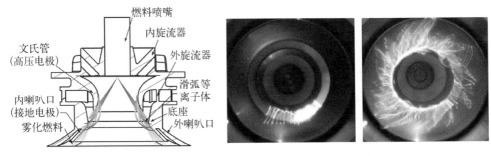

图 1.21　滑动弧燃烧室头部结构及其放电图像[26]

　　清华大学李水清教授团队开展了旋流燃烧室等离子体助燃机理研究。模拟喘振条件下的燃烧室进口条件,获得了微秒脉冲等离子体激励对燃烧稳定性的影响规律[58],如图 1.22 所示。当脉冲放电发生在流动扰动之前或同时段,等离子体会扩展旋流火焰的熄火边界,等离子体再点火是维持火焰稳定的主要原因。当脉冲放电发生在流动扰动之后的特定时间段时,由于放电产生的火焰表面褶皱和冲击波,等离子体会加剧火焰失稳。随后开展了滑动弧等离子体激励拓展熄火边界的研究,滑动弧等离子体激励不仅注入了能量,而且放电产生的扰动和湍流火焰之间存在很强的非线性反馈作用,进而可以拓展熄火边界 60% 以上[59],还研究了可变电流滑动弧对旋流预混火焰熄火边界和稳定性边界的影响规律[60],建立了 LES - ZDPlasKin 模型,将放电与燃烧耦合模拟,揭示了微秒脉冲放电产生的热效应和动力学效应协同作用对火焰稳定的重要作用[61]。

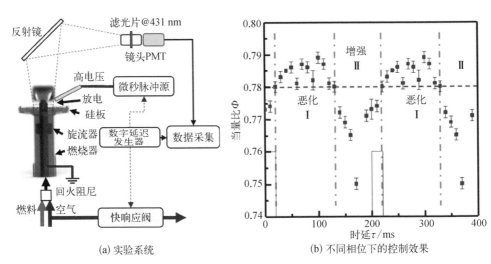

图 1.22　等离子体激励与扰动源的相位差对火焰稳定性的影响研究[58]

　　中国人民解放军空军工程大学吴云教授团队将滑动弧等离子体与旋流燃烧室

头部进行集成,开展了滑动弧等离子体点火助燃研究。滑动弧等离子体能够显著减小低温条件下的煤油粒径,并对煤油进行裂解,裂解产物包含甲烷、乙烯等小分子燃料,从而能够拓宽点火与燃烧边界[62],如图 1.23 所示。通过高速 CH* 图像表明,滑动弧的多次再点火对于拓展旋流燃烧室的点火和熄火边界具有重要作用[63]。研制了集成新型滑动弧等离子体激励装置的燃烧室头部,并在双头部模型燃烧试验件上开展了点熄火特性研究[64],如图 1.24 所示。滑动弧等离子体通过裂解煤油以及产生的活性基和焦耳热,能够改变火核传播路径并大幅缩短点火延迟时间,显著拓宽燃烧室点熄火边界。

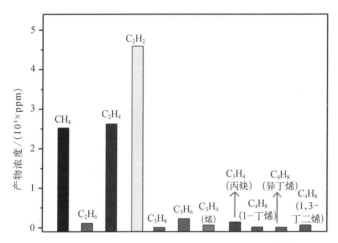

图 1.23　基于滑动弧燃油喷嘴的煤油裂解产物[62]

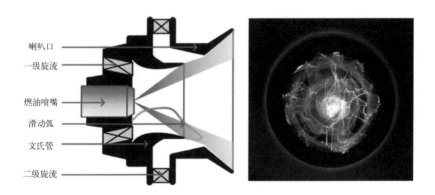

图 1.24　集成新型滑动弧等离子体激励装置的燃烧室头部

1.2.2　冲压燃烧室等离子体点火助燃研究

冲压燃烧室包括亚燃冲压燃烧室、超燃冲压燃烧室,国际上围绕超燃冲压燃烧室等离子体点火助燃开展了大量研究工作,相比较而言,亚燃冲压燃烧室等离子体点火助燃的研究还很少。国际上的冲压燃烧室等离子体点火助燃研究,主要包括:等离子体炬(射流)点火、滑动弧等离子体点火助燃、纳秒脉冲放电与激光等离子体点火。由于单纯的等离子体炬(射流)点火的功耗较大,高效率、低功耗的等离子体点火助燃方式逐渐成为研究重点。

1. 等离子体炬与等离子体射流点火

等离子体炬点火和等离子体射流点火有很多相似之处,其基本特征是利用高压工质驱动放电等离子体从放电腔中喷出,形成高温等离子体射流用于点火。一般将大功率(如 kW 量级)的等离子体射流称为等离子体炬,但两者有时候界限很难严格定义。典型的等离子体炬(射流)点火系统如图 1.25 所示[65]。

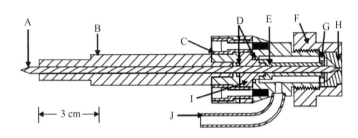

图 1.25　典型的等离子体射流点火器[65]

主要部件: A 阴极;E 陶瓷绝缘件;H 阳极;J 高压载气

日本东京大学 Kimura 团队最早尝试在超声速气流进行等离子体炬点火(图 1.26)[66]。在氢燃料超燃冲压燃烧室,来流 $Ma = 2.1$ 或 2.7 条件下,利用 4.7 kW 等离子体炬(载气为氢气、氮气和氩气),成功实现了宽范围可靠点火[67]。通过在氩气等离子体中添加少量氢气,电功率不变的情况下等离子体炬点火能力得到提升[68]。为了实现异侧喷油条件下的可靠点火,改变燃烧室顶部结构营造适合的点火条件,实现了单侧火炬点燃两侧燃料喷注。

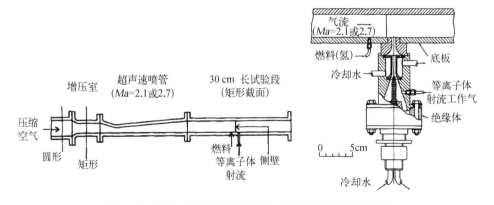

图 1.26　超燃冲压实验系统及设计的等离子体炬点火系统

　　日本东北大学 Kenichi 团队开展了超燃冲压燃烧室等离子体炬点火的持续研究,重点关注了不同载气对等离子体炬点火能力的影响及机制。对超声速条件下纯氧和纯氮的等离子体炬特性进行实验和模拟研究,发现等离子体炬可以产生 N 和 O 自由基,但是含量较少[69]。基于以 N_2 和 N_2+H_2 为载气的等离子体炬,研究了来流马赫数和来流总压对氢气燃烧的超声速燃烧室点火特性的影响,随着来流马赫数增加,成功点火所需的等离子体炬功率同步增加[图 1.27(a)][70]。在 $Ma2.3$ 来流条件下,团队利用 N_2 加 H_2 为载气的等离子体炬成功点燃 H_2 并产生了预燃激波[71],随着 H_2 摩尔分数和等离子体炬功率的增加,燃烧强度逐渐增强。通过对比 O_2、N_2 和 N_2 加 H_2 为载气的等离子体炬,发现 O_2 为载气的等离子体炬点火能力最强[72]。随后提出了一种新结构等离子体射流点火器,两个等离子体炬在流动方向上布置为一条直线[图 1.27(b)][73],双等离子体炬表现出良好的点火特性,对于氢气和气态碳氢燃料,即使在总放电功率较低的情况下(2.5 kW),依然能够成功实现点火。进一步改变双等离子体炬载气类型[74],发现双等离子体炬的点火能力和单点火炬基本相当,上游等离子体炬起到了点火的主要作用,下游等离子体炬发挥的作用有限。随后对以氮氧为载气的等离子体炬产生的 NO 和 NO_2 对点火性能的影响进行了研究[75],低马赫数条件下,以氮氧为载气的等离子体炬点火性能优于单纯以氧为载气的等离子体炬。点火机理研究表明,高压条件下氮氧等离子体炬产生的氮氧化物对于低碳燃料(H_2、CH_4、C_2H_4)具有很强的催化作用,因此氮氧等离子体炬的点火能力强于氧气等离子体炬。但是大气压条件下,氮氧化物的催化作用减弱,局部富氧更加有利于点火。因此低压条件下,氧气等离子体炬的点火能力更强[76]。研究中也发现,向等离子体炬中增加甲烷同样有利于点火[77]。通过在等离子体炬上游施加介质阻挡放电等离子体激励,发现同样可以提高等离子体炬的点火能力,其原

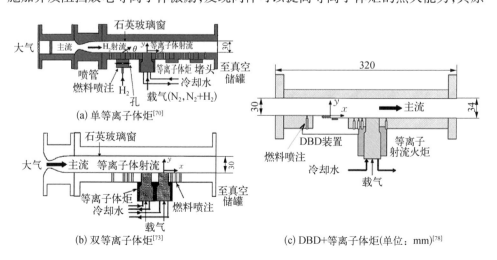

(a) 单等离子体炬[70]

(b) 双等离子体炬[73]

(c) DBD+等离子体炬(单位:mm)[78]

图 1.27　典型的点火方案

因主要是介质阻挡放电产生的 O_3 具有和 O 活性基类似的助燃效果,并且持续时间更长[图 1.27(c)][78]。

美国弗吉尼亚理工学院 O'Brien 团队对等离子体炬的超燃冲压燃烧室点火潜力进行了广泛研究。首先研制了以氢气为载气的非冷却等离子体炬,验证了超声速燃烧室点火与火焰稳定能力。为解决氢气等离子体炬工作不稳定问题,将载气换为氩气并混合氢气,实现了等离子体炬的稳定工作[79]。随后研发了以甲烷、氮气、空气为载气的等离子体炬系统,进行 $Ma2.4$ 来流条件下的乙烯燃料点火,氮气等离子体炬的效果比甲烷更好[80-82]。提出了一种利用气动斜劈提升等离子体炬穿透能力的方法,当气动斜劈注入气体与来流动量比超过 1.5 时,等离子体炬的穿透深度有显著增加(图 1.28)[83]。为实现利用等离子体炬实现燃料雾化、掺混、点火、稳焰和强化燃烧等目的,设计了一种利用燃料冷却电极的等离子体炬[84]。利用气动斜劈耦合等离子体炬的方案,在双模态冲压燃烧室开展了点火实验研究[85],在来流总温 1 000 K、静压 42 kPa 条件下,氢燃料可靠点火和稳定燃烧的全局当量比为 0.08~0.31;乙烯燃料可靠点火和稳定燃烧的全局当量比为 0.13~0.47;非设计飞行条件下,对于氢燃料和乙烯燃料,实现超燃模态点火与稳定燃烧的温度下边界为 530 K 和 680 K。

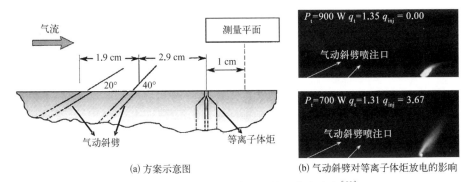

(a) 方案示意图   (b) 气动斜劈对等离子体炬放电的影响

图 1.28 气动斜劈耦合等离子体炬点火方案[83]

日本九州工业大学 Takeshi 团队对超燃冲压燃烧室中等离子体炬的点火助燃特性进行了研究,等离子体炬以氧气为载气的点火能力优于以氮气、空气为载气[86,87]。还提出了一种双级式等离子体炬点火方案,能够将点火功率降低 20%(图 1.29)[88]。

哈尔滨工业大学唐井峰教授团队对等离子体炬在超声速燃烧室中的点火助燃能力进行了研究与优化。通过将等离子体炬与燃烧室后掠支板结合,在来流总温 1 680 K 的直连式试验台中,实现了煤油燃料超燃冲压燃烧室的可靠点火和稳定燃烧[89],并对点火过程和燃烧模式进行了详细研究[90]。为提升等离子体炬的点火能力,提出了双频耦合等离子体炬技术途径,将低频直流源与高频脉冲源耦合驱动等离子体炬,使得等离子体具有热作用和活化作用[91,92],实验表明双频耦合等离子体能够缩短点火延迟时间,提升燃烧稳定性(图 1.30)[93,94]。

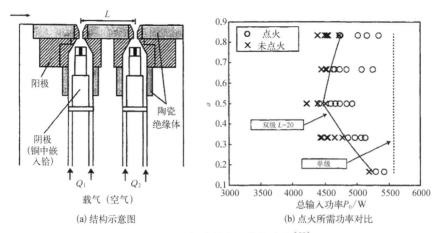

(a) 结构示意图　　(b) 点火所需功率对比

图 1.29　双级式等离子体炬点火[88]

$$\alpha = Q_1 / (Q_1 + Q_2)$$

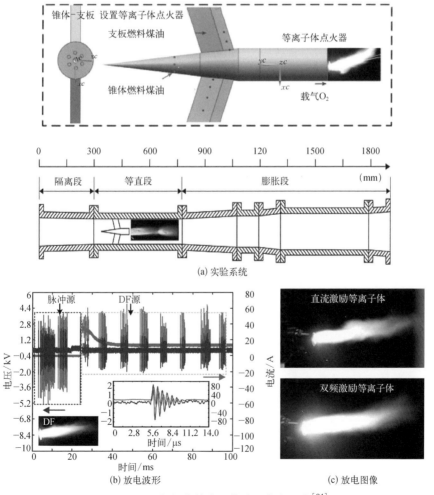

(a) 实验系统

(b) 放电波形　　(c) 放电图像

图 1.30　双频耦合等离子体冲压点火研究[94]

航天工程大学洪延姬教授团队开展了高频率电弧等离子体炬在超声速气流中的工作特性研究,等离子体射流横向喷入超声速流场形成弓形激波,能有效促进活性粒子和来流的掺混过程(图 1.31)[95];并研究了等离子体炬喷射频率对超声速燃烧特性的影响,指出等离子体炬对处于亚燃模态的燃烧场不起作用,对处于早期超燃模态的燃烧场产生燃烧促进作用,可以促发燃烧场由早期超燃模态向亚燃模态的转捩[96];随后利用氩弧切割焊电源改装的等离子体炬,开展了超声速燃烧室乙烯/空气点火试验研究[97]。

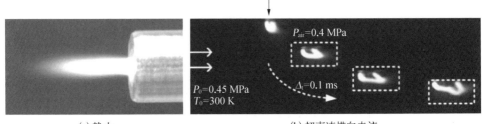

(a) 静止   (b) 超声速横向来流

图 1.31   等离子体射流图像[95]

中国科学院力学研究所余西龙研究员团队在直连式超燃实验台上开展来流马赫数为 2.5、总温为 1 650 K 的液态煤油燃料等离子体炬点火实验。在未使用引导氢气的情况下,利用输入能量为 1.5 kW 的电弧等离子体炬实现煤油可靠点火和稳定燃烧[98]。对比氮气等离子体炬和氮氢等离子体炬的点火特性发现,氮氢等离子体炬的点火能力强于氮气等离子体炬(图 1.32)[99]。

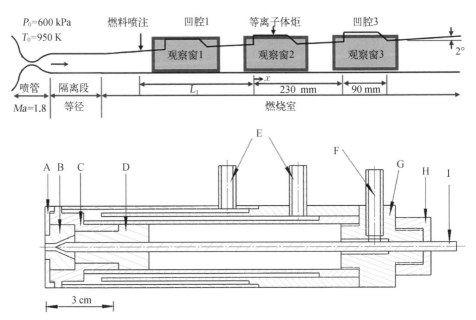

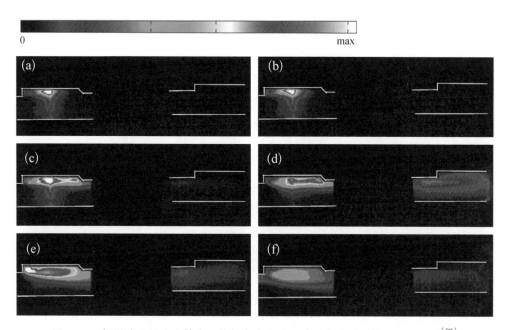

图 1.32　超燃冲压燃烧室等离子体炬点火实验系统及点火过程发光图像序列[99]

A 阳极壳;B 铜阳极;C 阳极壳;D 微晶玻璃陶瓷支架;E 冷却水管;F 进料管;G 聚苯乙烯绝缘体;H 不锈钢螺母;I 阴极

2. 滑动弧等离子体点火助燃

将放电电极嵌入燃烧室表面,在电极上施加高压直流或者正弦波直流等高压电后,将电极间隙的空气击穿形成放电等离子体。等离子体在气流作用下会发生滑动,与油气混合物充分接触,因此将其称为滑动弧放电等离子体点火助燃。

俄罗斯科学院高温研究所、美国圣母大学 Leonov 团队围绕准直流放电驱动的超燃冲压燃烧室滑动弧等离子体点火助燃开展了持续深入研究,主要的放电形式如图 1.33 所示。首先研究了超声速气流中的准直流放电等离子体特性,单个等离子体通道的能量为 0.1 J[100]。随后实现了 Ma2 条件下跨凹腔准直流等离子体放电,凹腔剪切层密度梯度变化更加剧烈,证实了等离子体能够在超声速流场下进行流动控制和增强燃料掺混[101]。进一步通过多路准直流放电滑动弧等离子体,实现了主流 Ma2、无稳焰结构下的氢气和乙烯超声速燃烧[102],开启等离子体后,火焰得以维持,而关闭等离子体后,火焰被吹熄。为了降低放电功率,提出了分布式等离子体点火方案并实验验证[103]。近年来,团队提出利用电磁力驱动等离子体通道移动,提出了一种轨道式放电激励[104]。

在准直流滑动弧等离子体点火助燃的基础上,Leonov 团队将放电和燃料喷注耦合,通过燃料的化学能提升等离子体点火助燃效果,开展了滑动弧燃油喷嘴技术

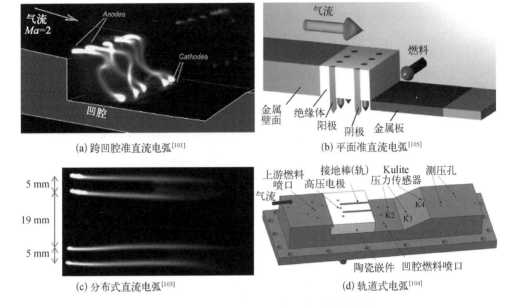

(a) 跨凹腔准直流电弧[101]

(b) 平面准直流电弧[105]

(c) 分布式直流电弧[103]

(d) 轨道式电弧[104]

图1.33　Leonov团队典型直流电弧点火方案

研究。初始的设计方案是,将燃料喷注置于放电区域内,使得直流放电能够直接作用于燃料[106]。随后改进了喷注和放电的结合方式,将燃料喷注置于放电电极上游,燃油与等离子体接触时,已经与空气进行了部分掺混[107]。进一步将燃油喷嘴和放电结构进行集成,设计了集成化的等离子体燃油喷嘴,并进行了低总温下的超声速燃烧实验[108],发现等离子体与燃料有两种相互作用模式,第一种是等离子体将燃料部分氧化并提高燃料温度,但未发生燃烧反应,能够轻微提升壁面压力;第二种是等离子体点燃燃料并剧烈燃烧,壁面压力显著提升。如图1.34所示,对比分析表明[109],相同的放电功率下,等离子体燃油喷注对壁面压力的提升作用范围明显大于其他电极布置方案,集成式的等离子体燃油喷嘴方案对于提升火焰稳定方面具有更强优势[110];随后对集成式等离子体燃油喷注实现低总温条件下超燃冲压燃烧室可靠点火进行了研究,发现低温条件下关闭等离子体后火焰熄灭,但开启等离子体后燃烧室出现复燃[110-112];对比研究了轨道式放电激励和等离子体燃油喷嘴的点火特性[104],等离子体燃油喷嘴更适合强燃烧模式的点火稳焰;轨道式放电激励适合于凹腔稳焰模式的点火,具有更低的点火功率。三电极轨道放电所需点火功率为8~10 kW,而三个等离子体燃油喷嘴功率为14~18 kW。平面激光诱导荧光测试表明,等离子体燃油喷嘴可以增加燃料的穿透深度、横向来流条件下的膨胀效应,并促进燃料破碎[113]。

国防科技大学王振国院士、朱家健副研究员团队采用正弦波高压高频电源开展了超燃冲压燃烧室滑动弧等离子体点火助燃研究。在来流Ma2.52乙烯燃料超

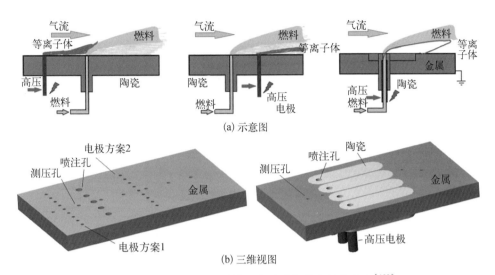

(a) 示意图

(b) 三维视图

图 1.34　Leonov 团队设计的三类喷嘴与放电结合方案[109]

(b)中左图用于方案 1(喷注位于下游)和方案 2(喷注位于上游),右图为方案 3(喷注和放电一体化设计)

声速燃烧室中,对比研究了火花放电和滑动弧等离子体点火特性,滑动弧能够有效拓展贫油点火边界,CH* 燃烧诊断结果表明,滑动弧通过连续产生初始火核从而提高了点火能力[114]。通过放电波形和滑动弧点火过程的同步诊断,发现滑动弧放电中的火花型放电是产生初始火核的主要原因,初始火核越强越容易成功点火。平均功率 630 W 的滑动弧放电的瞬时功率高达 3 168 W[115]。随后开展了超燃冲压燃烧室多通道滑动弧等离子体点火研究,通过同时放电产生多个等离子体通道,有效增强了滑动弧放电的点火能力,并缩短点火延迟时间(图 1.35)[116,117]。施加多通道滑动弧等离子体激励时,燃烧室凹腔内部温度升高,火焰稳定燃烧范围显著拓宽[118, 119]。多通道滑动弧等离子体还具有超声速燃烧室燃烧模态调控的能力,在来流 $Ma2.92$ 氢气燃料超声速燃烧室当中当施加多通道滑动弧时,凹腔稳焰的燃烧模态占比从 28.2% 拓展到 93%,射流稳焰的燃烧模态占比从 21.9% 拓展到 48.8%[120]。

中国人民解放军空军工程大学吴云教授团队开展了亚燃冲压燃烧室、超燃冲压燃烧室滑动弧等离子体点火助燃研究。滑动弧等离子体激励有助于煤油从钝体火焰稳定器破碎成更小的液滴,通过加热和输运效应提升燃油分布的均匀性[121]。为提升滑动弧等离子体的燃油裂解作用,开展了多通道滑动弧裂解煤油特性研究通过增加放电通道数量,滑动弧裂解燃油区域增加,裂解效果得到提升[122]。亚燃冲压点火实验表明,多通道滑动弧等离子体激励能够有效拓展低总温、总压条件下的点火边界,并提高燃烧效率[123]。凹腔超燃冲压燃烧室点火实验表明,滑动弧等离子体激励可以成功实现来流 $Ma2$、总温 900 K 下的常规煤油点火,并提高燃烧效率。

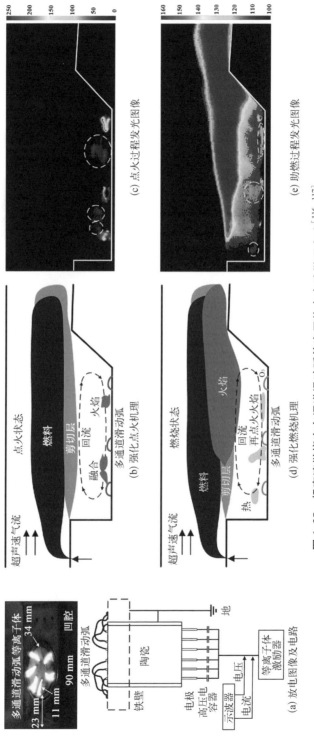

图 1.35　超声速燃烧室多通道滑动弧等离子体点火助燃研究法[116, 117]

3. 纳秒脉冲放电与激光等离子体点火

美国斯坦福大学 Cappelli 教授团队开展了超燃冲压燃烧室纳秒脉冲放电等离子体点火研究。利用峰值 7 kV、脉宽 20 ns、50 kHz 的纳秒脉冲放电等离子体激励，验证了纳秒脉冲等离子体的点火能力[124]。随后开展了氢气、乙烯射流的纳秒脉冲放电等离子体点火研究[125]，纳秒脉冲等离子体可以成功点火，并且在放电间隔时间段内火焰仍然可以存在。在凹腔火焰稳定器中，纳秒脉冲放电等离子体能够显著缩短点火延迟时间(图 1.36)[126]。

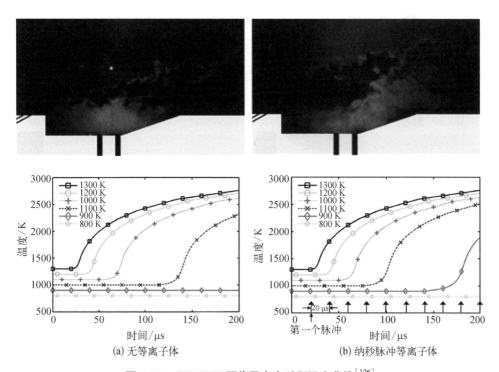

图 1.36　OH PLIF 图像及点火过程温度曲线[126]

纳秒脉冲激光等离子体点火利用激光产生等离子体，进而实现点火。与其他点火方法相比，激光等离子体点火具有精确控制激发能量、频率和点火位置的显著优点。澳大利亚昆士兰大学 Stefan 教授团队开展了超燃冲压燃烧室激光等离子体点火研究。获得了激光诱导等离子体的演化过程，指出诱导等离子体会往入射激光相反方向发展[127]。利用单次能量 750 mJ 的激光点火器开展了氢气为燃料的超声速点火实验，证明了激光诱导等离子体可以在超声速气流中促进 OH^* 的生成，但无法形成自持火焰。根据实验结果预估，若要形成连续火焰，激光脉冲频率需达到 100 kHz (图 1.37)[128, 129]。随后研究了一种新的燃料射流激光点火方法，结果表明相比于剪切层激光点火，在添加 8% 的氩气作为等离子体载气后能够降低点火所需能量[130]。

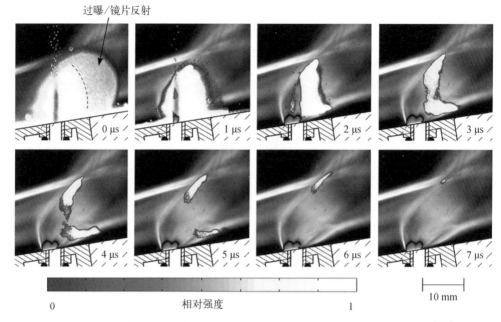

图 1.37 超声速燃烧室中激光诱导等离子体点火的 OH* 的形成与发展过程[128]

国防科技大学王振国院士、孙明波教授研究团队也开展了超燃冲压燃烧室激光等离子体点火研究。在双腔模型超燃冲压燃烧室中,进行了乙烯燃料腔的激光诱导等离子体点火,利用高速摄影记录了激光诱导气体击穿、火焰核生成和传播过程[131]。基于大涡模拟详细研究了激光等离子体点火过程,激光等离子体点火形成的初始火核首先向上游移动,在燃料尾迹区内形成稳定点火源,随后火焰不断地点燃邻近的可燃气体,导致火焰向空腔后缘蔓延[132]。通过纹影、OH* 自发辐射、CH 基自发辐射等技术研究了来流 $Ma2.92$、乙烯燃料凹腔超声速燃烧室的激光等离子体点火过程(图1.38)[133],激光点火过程历经四个阶段,凹腔的驻留区和角回流区处流速较低且具有较高的温度,适宜将点火生成的初始火焰逐步扩大并发展为火焰基底。

1.3　本书框架

本书共 8 章,第 2、3 章主要介绍了多通道放电等离子体点火技术及其在旋流燃烧室中的应用。第 2 章基于针对低气压下临界火核变大,最小点火能增加的难题,提出了多通道放电等离子体点火方法,获得了等离子体作用下的火核发展规律,揭示了多通道放电等离子体点火的机理。第 3 章在单头部旋流基础燃烧室及部件级双头部旋流燃烧室上,设计研制了多通道等离子体点火器,分析了多通道等离子体对点火过程的影响规律,验证了多通道放电等离子体点火器拓展点火边界的有效性。

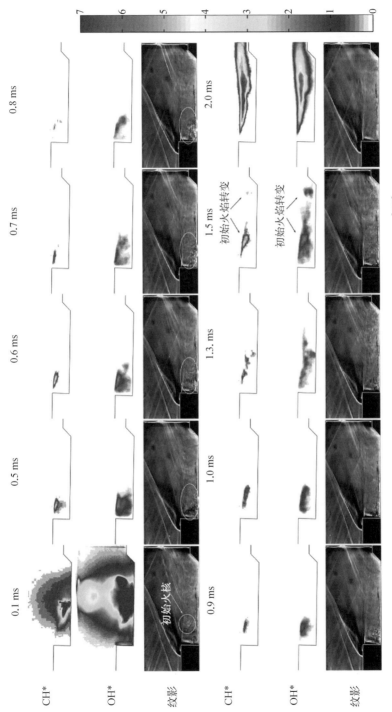

图 1.38　激光点火过程的 CH^*/OH^* 化学发光和纹影图像[133]

　　第 4、5 章主要讨论了滑动弧等离子体在旋流燃烧室中应用的两种技术途径。第 4 章提出了滑动弧等离子体射流点火方法,在低功耗、低电极烧蚀的条件下显著提升了穿透深度,增大了等离子体与油气混合物的接触面积,从而有效提升了点火能力。第 5 章提出了燃烧室头部旋流空气驱动的滑动弧等离子体助燃方法,显著改善了旋流燃烧室低温、低压条件下雾化蒸发质量差、化学反应速率低的问题,等离子体加热效应改善了低温煤油雾化蒸发特性,等离子体裂解重整产生了高化学活性小分子,有效拓宽了旋流燃烧室熄火边界。

　　第 6~8 章主要讨论亚燃冲压燃烧室等离子体点火助燃方法及机理。第 6 章针对火焰稳定器在低压条件下回流区尺寸显著减小导致点火及燃烧不稳定的问题,提出了脉冲电弧等离子体激励流场调控方法,在稳定器尾缘处诱导产生涡量增量和高速区,进而扩大回流区尺寸并促进回流区内油气掺混。第 7 章针对低总温、低总压来流条件下燃油雾化质量明显恶化、蒸发速率显著降低的问题,提出了滑动弧放电等离子体激励改善燃油雾化的方法,研究了等离子体激励调控蒸发式火焰稳定器喷雾特性的效果与机理。第 8 章针对冲压燃烧室在低温低压条件下液态燃油活性低、化学反应速率不高导致点火边界窄以及燃烧效率低的问题,提出油气混合物多通道滑动弧等离子体激励活化方法,生成气态小分子与高活性基团,研究了不同载气流量、燃油流量及放电通道数下的蒸发式火焰稳定器油气活化特性,并开展了等离子体激励蒸发式火焰稳定器拓宽亚燃冲压燃烧室点火起动速度下边界的实验验证。

参考文献

[1] Roth J R. Industrial Plasma Engineering: Volume 2: Applications to Nonthermal Plasma Processing[M]. New York: Routledge, 2001.

[2] Ju Y G, Sun W T. Plasma assisted combustion: Dynamics and chemistry[J]. Progress in Energy and Combustion Science, 2015, 48: 21 - 83.

[3] 靳宝林,郑永成.航空发动机等离子流点火技术探讨[J].航空发动机,2002(4): 51 - 55.

[4] Low H, Wilson C, Abdel-Gayed R, et al. Evaluation of novel igniters in a turbulent bomb facility and a turbo-annular gas turbine combustor[R]. AIAA - 89 - 2944, 1989.

[5] Romanovskyg F, Matveevi B. Development of a plasma fuel nozzle and results of the experimental investigations [C]. Proc. Nikolaev Shipbuilding Inst. Thermal Energy Air Conditioning, 1983: 64 - 70.

[6] Matveev I. Multi-mode plasma igniters and pilots for aerospace and industrial applications[R]. Falls Church: Applied Plasma Technologies, 2006.

[7] Matveev I, Matveeva S, Gutsol A, et al. Non-equilibrium plasma igniters and pilots for aerospace application[C]. Reno: 43rd AIAA Aerospace Sciences Meeting and Exhibit, 2005.

[8] Korolev Y, Matveev I. Nonsteady-state processes in a plasma pilot for ignition and flame control[J]. IEEE Transactions on Plasma Science, 2006, 34(6): 2507 - 2513.

[9]　Matveev I, Matveeva S, Kirchuk E, et al. Plasma fuel nozzle as a prospective way to plasma-assisted combustion[J]. IEEE Transactions on Plasma Science, 2010, 38(12): 3313 – 3318.

[10]　Matveev I, Matveeva S, Korolev Y, et al. A multi-mode plasma pilot[C]. Reno: 45th AIAA Aerospace Sciences Meeting and Exhibit, 2007.

[11]　Liu J B, Ronney P, Kuthi A, et al. Transient plasma ignition for lean burn applications[C]. Reno: 41st Aerospace Sciences Meeting and Exhibit, 2003.

[12]　Liu J B, Wang F, Lee L C, et al. Effect of fuel type on flame ignition by transient plasma discharges[C]. Reno: 42nd AIAA Aerospace Sciences Meeting and Exhibit, 2004.

[13]　Liu J B, Wang F, Lee L C, et al. Effect of discharge energy and cavity geometry on flame ignition by transient plasma[R]. AIAA 2004 – 1011, 2004.

[14]　Singleton D R, Gundersen M A. Transient plasma fuel — Air ignition[J]. IEEE Transactions on Plasma Science, 2011, 39(11): 2214 – 2215.

[15]　Home-Transient plasma systems[OL]. [2022 – 12 – 31]. https://www. transientplasmasystems. com/.

[16]　Home-TPS ignition[Z] [2022 – 12 – 31]. https://www. tpsignition. com/.

[17]　宋少雷,李雅军,王玥,等. 连续弧等离子点火器结构优化研究[J]. 热能动力工程,2020, 35(10): 43 – 50.

[18]　Liu S Z, Zhao N B, Zhang J G, et al. Experimental and numerical investigations of plasma ignition characteristics in gas turbine combustors[J]. Energies, 2019, 12(8): 1511.

[19]　Liu X J, He L M, Yu J L, et al. Experimental investigation of effects of airflows on plasma-assisted combustion actuator characteristics[J]. Chinese Physics B, 2015, 24(4): 277 – 282.

[20]　Liu X J, He L M, Yu J L, et al. Experimental investigation on plasma-assisted combustion characteristics of premixed propane/air mixture[J]. Journal of Thermal Science, 2015, 24 (3): 283 – 289.

[21]　Deng J, Peng C X, He L M, et al. Effects of dielectric barrier discharge plasma on the combustion performances of reverse-flow combustor in an aero-engine[J]. Journal of Thermal Science, 2019, 28(5): 1035 – 1041.

[22]　兰宇丹,何立明,杜宏亮,等. 直流电弧等离子体点火器射流特性研究[J]. 原子能科学技术,2012,46(2): 216 – 222.

[23]　刘雄,何立明,戴文峰,等. 直流滑动弧等离子体点火器特性的实验研究[J]. 推进技术, 2020,41(7): 1550 – 1559.

[24]　赵兵兵,何立明,沈英,等. 直流电弧等离子体点火器化学效应研究[J]. 光谱学与光谱分析,2013,32(5): 1171 – 1174.

[25]　Zhang H L, He L M, Chen G C, et al. Experimental study on ignition characteristics of kerosene-air mixtures in V-shaped burner with DC plasma jet igniter[J]. Aerospace Science and Technology, 2018, 74: 56 – 62.

[26]　Hu C H, He L M, Chen Y, et al. Electrical and optical characterizations of a rotating gliding arc plasma-enhanced combustion dome in an aero-engine combustor[J]. Journal of Physics D: Applied Physics, 2021, 54(20): 205202.

[27]　胡长淮,何立明,陈一,等. 燃烧室头部激励的等离子体强化燃烧特性实验研究[J]. 推进

技术,2021,42(12):2762-2771.

[28] Fei L, Zhao B B, Liu X, et al. Application study on plasma ignition in aeroengine strut-cavity-injector integrated afterburner[J]. Plasma Science & Technology, 2021, 23(10): 186-196.

[29] Liu X J, He L M, Xiao Y, et al. Ground verification experiment of plasma-assisted combustion in annular combustor fan-shaped test piece[J]. Journal of Propulsion and Power, 2017, 33(6): 1439-1447.

[30] Liu X J, He L M, Yi C, et al. Emission characteristics of aviation kerosene combustion in aero-engine annular combustor with low temperature plasma assistance[J]. Thermal Science, 2018, 23(2 Part A): 138.

[31] He L M, Chen Y, Deng J, et al. Experimental study of rotating gliding arc discharge plasma-assisted combustion in an aero-engine combustion chamber [J]. Chinese Journal of Aeronautics, 2019, 32(2): 337-346.

[32] Wang S B, Yu J L, Ye J F, et al. Investigation on the jet stiffness characteristics of a novel plasma igniter[J]. International Journal of Turbo & Jet-Engines, 2022, 39(1): 77-88.

[33] 程伟达,于锦禄,蒋陆昀,等.预燃式等离子体射流点火器射流特性[J].燃烧科学与技术, 2022,28(5):625-631.

[34] Zhang Z B, Wu Y, Sun Z Z, et al. Experimental research on multichannel discharge circuit and multi-electrode plasma synthetic jet actuator[J]. Journal of Physics D: Applied Physics, 2017, 50(16): 165205.

[35] Zhang Z B, Wu Y, Jia M, et al. Modeling and optimization of the multichannel spark discharge[J]. Chinese Physics B, 2017, 26: 0652046.

[36] Lin B X, W Y, Zhang Z B, et al. Multi-channel nanosecond discharge plasma ignition of premixed propane/air under normal and sub-atmospheric pressures [J]. Combustion and Flame, 2017, 182: 102-113.

[37] Lin B X, Wu Y, Zhang Z B, et al. Ignition enhancement of lean propane/air mixture by multi-channel discharge plasma under low pressure[J]. Applied Thermal Engineering, 2019, 148: 1171-1182.

[38] Huang S F, Song H M, Wu Y, et al. Experimental investigation on electrical characteristics and ignition performance of multichannel plasma igniter[J]. Chinese Physics B, 2018, 27(3): 35203.

[39] Lin B X, Wu Y, Xu M X, et al. Experimental investigation on high-altitude ignition and ignition enhancement by multi-channel plasma igniter [J]. Plasma Chemistry and Plasma Processing, 2021, 41(5): 1435-1454.

[40] Cai B H, Song H M, Zhang Z B, et al. Experimental investigation of C-shape embedded multi-channel plasma igniter in a single-head swirl combustor[J]. Journal of Physics D: Applied Physics, 2021, 54(13): 135201.

[41] Cai B H, Song H M, Wu Y, et al. Experimental investigation on swirling spray forced ignition of embedded multi-channel plasma igniter[J]. Acta Astronautica, 2021, 179: 670-679.

[42] Pilla G, Galley D, Lacoste D, et al. Stabilization of a turbulent premixed flame using a nanosecond repetitively pulsed plasma[J]. IEEE Transactions on Plasma Science, 2006, 34(6): 2471-2477.

[43] Lacoste D A, Moeck J P, Durox D, et al. Effect of nanosecond repetitively pulsed discharges on the dynamics of a swirl-stabilized lean premixed flame[J]. Journal of Engineering for Gas Turbines and Power, 2013, 135(10): 101501.

[44] Barbosa S, Pilla G, Lacoste D A, et al. Influence of nanosecond repetitively pulsed discharges on the stability of a swirled propane/air burner representative of an aeronautical combustor[J]. Philosophical Transactions of the Royal Society A Mathematical Physical & Engineering Sciences, 2015, 373(2048): 20140335.

[45] Alkhalifa A, Alsalem A, del Cont-Bernard D, et al. Active control of thermoacoustic fluctuations by nanosecond repetitively pulsed glow discharges [J]. Proceedings of the Combustion Institute, 2022, 39(4): 5429 - 5437.

[46] del Campo F G, Weibel D. Stability enhancements to a lean, premixed gas turbine fuel injector using a nanosecond pulsed plasma discharge[OL]. [2024 - 1 - 10] https://www.researchgate.net/publication/305766106_Stability_Enhancements_to_a_Lean_Premixed_Gas_Turbine_Fuel_Injector_Using_a_Nanosecond_Pulsed_Plasma_Discharge.

[47] del Gomez C F, Weibel D, Chenran W. Preliminary results from a plasma-assisted 7-point lean direct injection (LDI) combustor and resulting impacts on combustor stability and combustion dynamics[R]. AIAA 2017 - 4778, 2017.

[48] del Campo F G. Plasma-assisted control of combustion instabilities in low-emissions combustors at realistic conditions[R]. AIAA 2019 - 3950, 2019.

[49] del Campo F G. Design of a high pressure, optically accessible flame tube for plasma-assisted combustion studies[R]. AIAA 2019 - 3986, 2019.

[50] Santosh S, Weibel D, del Campo F G, et al. Active control of large amplitude combustion oscillations using nanosecond repetitively pulsed plasmas[R]. AIAA 2022 - 1450, 2022.

[51] Gyeongtaek K, Bohyeon S, Wonjune L, et al. Effects of applying non-thermal plasma on combustion stability and emissions of NO_x and CO in a model gas turbine combustor[J]. Fuel, 2017, 194: 321 - 328.

[52] Gyeongtaek K, Chunsang Y, Sukho C, et al. Effects of non-thermal plasma on the lean blowout limits and CO/NO_x emissions in swirl-stabilized turbulent lean-premixed flames of methane/air[J]. Combustion and Flame, 2020, 212: 403 - 414.

[53] Gyeongtaek K, Jeong P, Sukho C, et al. Effects of non-thermal plasma on turbulent premixed flames of ammonia/air in a swirl combustor[J]. Fuel, 2022, 323: 124227.

[54] You B C, Liu X, Yang R, et al. Experimental study of gliding arc plasma-assisted combustion in a blast furnace gas fuel model combustor: Flame structures, extinction limits and combustion stability[J]. Fuel, 2022, 322: 124280.

[55] You B C, Liu X, Kong L, et al. Experimental study on direct ignition of blast furnace gas by plasma igniter in a gas turbine combustor[J]. Proceedings of the Institution of Mechanical Engineers, Part C: Journal of Mechanical Engineering Science, 2022, 236(16): 9306 - 9315.

[56] 程伟达,于锦禄,陈朝,等.基于滑动弧的燃烧室头部强化燃烧特性[J].航空动力学报, 2022,37(7): 1392 - 1402.

[57] 于锦禄,黄丹青,王思博,等.等离子体点火与助燃技术在航空发动机上的应用[J].航空

发动机,2018,44(3):12-20.

[58] Cui W, Ren Y H, Li S Q. Stabilization of premixed swirl flames under flow pulsations using microsecond pulsed plasmas[J]. Journal of Propulsion and Power, 2019, 35(1):190-200.

[59] Sun J G, Tang Y, Li S Q. Plasma-assisted stabilization of premixed swirl flames by gliding arc discharges[J]. Proceedings of the Combustion Institute, 2021, 38(4):6733-6741.

[60] Tang Y, Sun J G, Shi B L, et al. Extension of flammability and stability limits of swirling premixed flames by AC powered gliding arc discharges[J]. Combustion and Flame, 2021, 231:111483.

[61] Sun J G, Cui W, Tang Y, et al. Inlet pulsation-induced extinction and plasma-assisted stabilization of premixed swirl flames[J]. Fuel, 2022, 328:125372.

[62] Lin B X, Wu Y, Zhu Y F, et al. Experimental investigation of gliding arc plasma fuel injector for ignition and extinction performance improvement[J]. Applied Energy, 2019, 235:1017-1026.

[63] Feng R, Li J, Wu Y, et al. Ignition and blow-off process assisted by the rotating gliding arc plasma in a swirl combustor[J]. Aerospace Science and Technology, 2020, 99:105752.

[64] 耿华东,陈一,崔巍,等.滑动弧放电等离子体激励的值班火焰头部放电特性实验[J].空军工程大学学报(自然科学版),2022,23(1):53-63.

[65] Jacobsen L, Carter C, Jackson T, et al. Plasma-assisted ignition in scramjets[J]. Journal of Propulsion and Power, 2008, 24(4):641-654.

[66] Kimura I, Aoki H, Kato M. The use of a plasma jet for flame stabilization and promotion of combustion in supersonic air flows[J]. Combustion and Flame, 1981, 42:297-305.

[67] Sato Y, Sayama M, Ohwaki K, et al. Effectiveness of plasma torches for ignition and flameholding in scramjet[J]. Journal of Propulsion and Power, 1992, 8(4):883-889.

[68] Masuya G, Kudou K, Murakami A, et al. Some governing parameters of plasma torch igniter/flameholder in a scramjet combustor[J]. Journal of Propulsion and Power, 1993, 9(2):176-181.

[69] Takita K, Takatori F, Masuya G. Effect of plasma torch feedstock on ignition characteristics in supersonic flow[R]. AIAA 2000-3586, 2000.

[70] Masuya G, Takita K, Takahashi K, et al. Effects of airstream Mach number on H_2/N_2 plasma igniter[J]. Journal of Propulsion and Power, 2002, 18(3):679-685.

[71] Kitagawa T, Moriwaki A, Murakami K, et al. Ignition characteristics of methane and hydrogen using a plasma torch in supersonic flow[J]. Journal of Propulsion and Power, 2003, 19(5):853-858.

[72] Murakami K, Nishikawa A, Takita K, et al. Ignition characteristics of hydrocarbon fuels by plasma torch in supersonic flow[R]. AIAA 2003-6939, 2003.

[73] Takita K, Murakami K, Nakane H, et al. A novel design of a plasma jet torch igniter in a scramjet combustor[J]. Proceedings of the Combustion Institute, 2005, 30(2):2843-2849.

[74] Takita K, Nakane H, Masuya G. Optimization of double plasma jet torches in a scramjet combustor[J]. Proceedings of the Combustion Institute, 2007, 31(2):2513-2520.

[75] Takita K, Abe N, Masuya G, et al. Ignition enhancement by addition of NO and NO_2 from a N_2/O_2 plasma torch in a supersonic flow[J]. Proceedings of the Combustion Institute, 2007,

31(2): 2489 – 2496.

[76] Matsubara Y, Takita K. Effect of mixing ratio of N_2/O_2 feedstock on ignition by plasma jet torch[J]. Proceedings of the Combustion Institute, 2011, 33(2): 3203 – 3209.

[77] Takita K, Shishido K, Kurumada K. Ignition in a supersonic flow by a plasma jet of mixed feedstock including CH4[J]. Proceedings of the Combustion Institute, 2011, 33(2): 2383 – 2389.

[78] Matsubara Y, Takita K, Masuya G. Combustion enhancement in a supersonic flow by simultaneous operation of DBD and plasma jet[J]. Proceedings of the Combustion Institute, 2013, 34(2): 3287 – 3294.

[79] Barbi E, Mahan J R, O'Brien W F, et al. Operating characteristics of a hydrogen-argon plasma torch for supersonic combustion applications[J]. Journal of Propulsion and Power, 1989, 5 (2): 129 – 133.

[80] Gallimore S D, Jacobsen L S, O'Brien W F, et al. An integrated aeroramp-injector/plasma-igniter for hydrocarbon fuels in supersonic flow: Part B: Experimental studies of the operating conditions [C]. Kyoto: 10th AIAA/NAL-NASDA-ISAS International Space Planes and Hypersonic Systems and Technologies Conference, 2001.

[81] Jacobsen L S, Gallimore S D, Schetz J A, et al. An integrated aeroramp injector/plasma-igniter for hydrocarbon fuels in a supersonic flow: Part A: Experimental studies of the geometric configuration[C]. Kyoto: 10th AIAA/NAL-NASDA-ISAS International Space Planes and Hypersonic Systems and Technologies Conference, 2001.

[82] Anderson C, Schetz J A, O'Brien W F. Integrated liquid-fuel-injector/plasma-igniter for scramjets[C]. Norfolk: 12th AIAA International Space Planes and Hypersonic Systems and Technologies, 2003.

[83] Gallimore S D, Jacobsen L S, O'Brien W F, et al. Operational sensitivities of an integrated Scramjet Ignition/Fuel-Injection System[J]. Journal of Propulsion and Power, 2003, 19(2): 183 – 189.

[84] Billingsley M C, Sanders D D, O'Brien W F, et al. Improved plasma torches for application in supersonic combustion[R]. AIAA 2005 – 3423, 2005.

[85] Bonanos A, Schetz J, O'Brien W, et al. Dual-mode combustion experiments with an integrated aeroramp-injector/plasma-torch igniter[J]. Journal of Propulsion and Power, 2008, 24(2): 267 – 273.

[86] Shuzenji K, Tachibana T. Advantage of using qxygen as plasma jet feedstock for methane/air ignition[J]. Journal of propulsion and power, 2005, 21(5): 908 – 913.

[87] Shuzenji K, Tachibana T. Superiority of oxygen as feedstock for a plasma jet igniter in supersonic methane/air streams[J]. Proceedings of the Combustion Institute, 2002, 29(1): 875 – 881.

[88] Shuzenji K, Kato R. Two-stage plasma torch ignition in supersonic airflows[R]. AIAA 2001 – 3740, 2001.

[89] 唐井峰,向安定,李寄,等. 等离子体射流作用下光壁面超声速燃烧室点火试验研究[J]. 推进技术,2021,42(11): 2531 – 2537.

[90] Li J, Tang J F, Zhang J L, et al. Flame establishment and flameholding modes spontaneous

transformation in kerosene axisymmetric supersonic combustor with a plasma igniter [J]. Aerospace Science and Technology, 2021, 119: 107080.

[91] 张楠. 双源耦合等离子体点火技术的试验研究[D]. 哈尔滨: 哈尔滨工业大学, 2017.

[92] 李相政. 双频激励同轴等离子体点火器及试验研究[D]. 哈尔滨: 哈尔滨工业大学, 2020.

[93] Li J, Tang J F, Zhang H R, et al. Dual-frequency excited plasma enhanced ignition in a supersonic combustion chamber[J]. Aerospace Science and Technology, 2022, 129: 107849.

[94] Li J, Tang J F, Zhang H R, et al. Dual-frequency plasma promoting flameholding in a supersonic combustion chamber[J]. Aerospace Science and Technology, 2022, 127: 107676.

[95] 钟文丽, 席文雄, 段立伟, 等. 超声速气流点火助燃用等离子体火炬的试验研究[J]. 推进技术, 2015, 36(10): 1528 - 1532.

[96] 段立伟, 洪延姬. 等离子体火炬喷射频率对超声速燃烧特性的影响研究[J]. 推进技术, 2015, 36(10): 1539 - 1546.

[97] 刘毅, 窦志国, 杨波, 等. 超声速燃烧室乙烯/空气等离子体射流点火试验研究[J]. 推进技术, 2017, 38(7): 1532 - 1538.

[98] 李飞, 余西龙, 顾洪斌, 等. 超声速气流中煤油射流的等离子体点火实验[J]. 航空动力学报, 2012, 27(4): 824 - 831.

[99] Li F, Yu X L, Tong Y G, et al. Plasma-assisted ignition for a kerosene fueled scramjet at Mach 1.8[J]. Aerospace Science and Technology, 2013, 28(1): 72 - 78.

[100] Leonov S, Bityurin V, Kolesnichenko Y. Dynamic of a single-electrode HF plasma filament in supersonic airflow[R]. AIAA 2001 - 0493, 2001.

[101] Leonov S, Yarantsev D, Napartovich A, et al. Plasma-assisted ignition and flameholding in high-speed flow[C]. Reno: 44th AIAA Aerospace Sciences Meeting and Exhibit, 2006.

[102] Leonov S, Yarantsev D, Carter C. Experiments on electrically controlled flameholding on a plane wall in a supersonic airflow[J]. Journal of Propulsion and Power, 2009, 25(2): 289 - 294.

[103] Firsov A A, Dolgov E V, Leonov S B. Effect of DC - discharge geometry on ignition efficiency in supersonic flow[J]. Journal of Physics: Conference Series, 2018, 1112: 12011.

[104] Leonov S, Elliott S, Carter C, et al. Modes of plasma-stabilized combustion in cavity-based M = 2 configuration[J]. Experimental Thermal and Fluid Science, 2021, 124: 110355.

[105] Leonov S, Yarantsev D. Plasma-induced ignition and plasma-assisted combustion in high-speed flow[J]. Plasma Sources Science and Technology, 2007, 16(1): 132 - 138.

[106] Leonov S, Yarantsev D, Sabelnikov V. Electrically driven combustion near the plane wall in a supersonic duct[J]. Progress in Propulsion Physics, 2011, 2: 519 - 530.

[107] Leonov S, Firsov A, Yarantsev D, et al. Temperature measurement in plasma-assisted combustor by TDLAS[R]. AIAA 2012 - 3181, 2012.

[108] Leonov S B, Vincent-Randonnier A, Sabelnikov V, et al. Plasma-assisted combustion in supersonic airflow: optimization of electrical discharge geometry [R]. AIAA 2014 - 0988, 2014.

[109] Firsov A, Savelkin K V, Yarantsev D A, et al. Plasma-enhanced mixing and flameholding in supersonic flow [J]. Philosophical Transactions of the Royal Society A: Mathematical, Physical and Engineering Sciences, 2015, 373(2048): 20140337.

[110] Savelkin K, Yarantsev D, Adamovich I, et al. Ignition and flameholding in a supersonic combustor by an electrical discharge combined with a fuel injector [J]. Combustion and Flame, 2015, 162(3): 825 − 835.

[111] Leonov S, Houpt A, Hedlund B. Experimental study of ignition, reignition and flameholding by Q-DC electrical discharge in a model scramjet [C]. Reston: American Institute of Aeronautics and Astronautics, 2017.

[112] Leonov S, Houpt A, Hedlund B. Experimental demonstration of plasma-based flameholder in a model scramjet[C]. Reston: American Institute of Aeronautics and Astronautics, 2017.

[113] Elliott S, Lax P, Leonov S B, et al. Acetone PLIF visualization of the fuel distribution at plasma-enhanced supersonic combustion [J]. Experimental Thermal and Fluid Science, 2022, 136: 110668.

[114] Feng R, Li J, Wu Y, et al. Experimental investigation on gliding arc discharge plasma ignition and flame stabilization in scramjet combustor [J]. Aerospace Science and Technology, 2018, 79: 145 − 153.

[115] Feng R, Zhu J J, Wang Z G, et al. Dynamic characteristics of a gliding arc plasma-assisted ignition in a cavity-based scramjet combustor[J]. Acta Astronautica, 2020, 171: 238 − 244.

[116] Feng R, Huang Y H, Zhu J J, et al. Ignition and combustion enhancement in a cavity-based supersonic combustor by a multi-channel gliding arc plasma[J]. Experimental Thermal and Fluid Science, 2021, 120: 110248.

[117] Feng R, Wang Z G, Sun M B, et al. Multi-channel gliding arc plasma-assisted ignition in a kerosene-fueled model scramjet engine [J]. Aerospace Science and Technology, 2022, 126: 107606.

[118] Feng R, Sun M B, Wang H B, et al. Experimental investigation of flameholding in a cavity-based scramjet combustor by a multi-channel gliding arc [J]. Aerospace Science and Technology, 2022, 121: 107381.

[119] Tian Y F, Zhu J J, Sun M B, et al. Enhancement of blowout limit in a Mach 2.92 cavity-based scramjet combustor by a gliding arc discharge[J]. Proceedings of the Combustion Institute, 2023, 39(4): 5697 − 5705.

[120] Feng R, Zhu J J, Wang Z G, et al. Suppression of combustion mode transitions in a hydrogen-fueled scramjet combustor by a multi-channel gliding arc plasma[J]. Combustion and Flame, 2022, 237: 111843.

[121] Huang S F, Wu Y, Zhang K, et al. Experimental investigation on spray and ignition characteristics of plasma actuated bluff body flameholder[J]. Fuel, 2022, 309: 122215.

[122] Zhang K, Jin D, Huang S F, et al. Experimental investigation on multiple-channel gliding arcs plasma cracking kerosene[J]. IEEE Transactions on Plasma Science, 2022, 50(11): 4732 − 4743.

[123] Sun J L, Jin D, Huang S F, et al. The characteristics of gliding arc plasma and its activating effect for ramjet combustion[J]. Energies, 2022, 15(12): 4260.

[124] Do H, Mungal M G, Cappelli M A. Jet flame ignition in a supersonic crossflow using a pulsed nonequilibrium plasma discharge[J]. IEEE Transactions on Plasma Science, 2008, 36(6): 2918 − 2923.

[125] Do H, Im S, Cappelli M A, et al. Plasma assisted flame ignition of supersonic flows over a flat wall[J]. Combustion and Flame, 2010, 157(12): 2298 – 2305.

[126] Do H, Cappelli M A, Mungal M G. Plasma assisted cavity flame ignition in supersonic flows [J]. Combustion and Flame, 2010, 157(9): 1783 – 1794.

[127] Brieschenk S, O'Byrne S, Kleine H. Visualization of jet development in laser-induced plasmas[J]. Optics Letters, 2013, 38(5): 664 – 666.

[128] Brieschenk S, O'Byrne S, Kleine H. Laser-induced plasma ignition studies in a model scramjet engine[J]. Combustion and Flame, 2013, 160(1): 145 – 148.

[129] Brieschenk S, Kleine H, O Byrne S. Laser ignition of hypersonic air-hydrogen flow [J]. Shock Waves, 2013, 23(5): 439 – 452.

[130] Brieschenk S, O'Byrne S, Kleine H. Ignition characteristics of laser-ionized fuel injected into a hypersonic crossflow[J]. Combustion and Flame, 2014, 161(4): 1015 – 1025.

[131] Li X P, Liu W D, Pan Y, et al. Experimental investigation on laser-induced plasma ignition of hydrocarbon fuel in scramjet engine at takeover flight conditions[J]. Acta Astronautica, 2017, 138: 79 – 84.

[132] Liu C Y, Sun M B, Wang H B, et al. Ignition and flame stabilization characteristics in an ethylene-fueled scramjet combustor [J]. Aerospace Science and Technology, 2020, 106: 106186.

[133] Cai Z, Zhu J J, Sun M B, et al. Ignition processes and modes excited by laser-induced plasma in a cavity-based supersonic combustor[J]. Applied Energy, 2018, 228: 1777 – 1782.

第2章
多通道放电等离子体点火方法及原理验证

针对低气压条件下临界火核半径显著增大导致点火困难的问题,本章以层流预混气为对象,首先分析低气压下点火困难的主要因素,提出多通道放电等离子体点火方法,通过顺次击穿、同步放电增大放电能量和火核体积,然后进行多通道火花放电和多通道纳秒脉冲放电等离子体点火研究,获得多通道放电等离子体对火核发展的影响规律,揭示低气压下多通道放电等离子体点火机理。

2.1　低气压环境点火特性

低气压放电趋于辉光,能量利用率降低,而混合气在低气压下着火和维持火焰传播所需能量增加,点火性能恶化。研究低气压下最小点火能量的变化规律,分析不同放电能量对点火特性的影响,是突破新型等离子体点火方法的关键。

采用不同当量比的丙烷/空气混合气,在常压和低压条件下进行点火实验,常规单通道火花放电(single-channel spark discharge,SSD)的点火概率如图2.1所示。

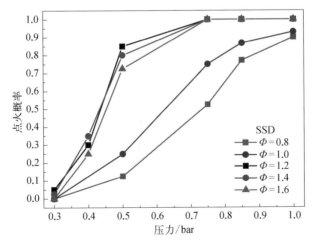

图 2.1　丙烷/空气混合气点火概率随初始压力变化

实验中,储能电容的电压 4.5 kV,SSD 点火能量 61.6 mJ。初始压力降低后,丙烷/空气混合气点火概率呈下降趋势,相同初始压力下,浓混合气的点火概率要高于稀混合气。初始压力降低到 0.3 bar① 时,丙烷/空气混合气点火概率接近零,贫燃和低压条件下难以可靠点火。

为定量研究低压对点火造成的影响,通过改变纳秒脉冲电源输出脉冲串的个数,精确控制放电能量,放电频率为 15 kHz 不变。当量比 1.0 的丙烷/空气混合气在不同压力下,点火概率与放电能量的关系如图 2.2 所示。

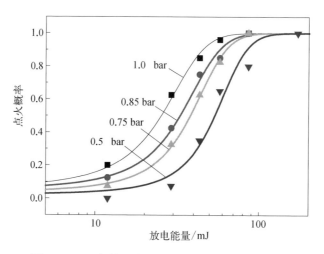

图 2.2　不同初始压力下当量比 1.0 丙烷/空气混合气点火概率随放电能量变化关系

采用逻辑回归模型建立点火概率模型,得到点火概率与能量的函数关系,拟合得到相应的回归曲线[1]。放电能量保持一致时,随着压力降低,点火概率随之减小。将最小点火能量(minimum ignition energy,MIE)定义为达到 50% 的点火概率所需的能量。不同初始压力下点火的 MIE 如图 2.3 所示。常压条件下,MIE 为 25 mJ,当初始压力降低到 0.5 bar 时,MIE 为 53 mJ,增大了 112%。

为了研究影响点火成败的因素,对低压下 SSD 点火成功和点火失败的案例进行了分析。丙烷/空气混合气当量比为 1.0,压力为 0.5 bar,SSD 的火核发展过程如图 2.4(a)所示,其火核面积随时间变化如图 2.4(b)所示。放电后丙烷/空气混合气被点燃,形成初始火核并迅速膨胀。火核形成初期,火核体积小,火焰锋面上进行的燃烧放热反应有限,此时热释放量小于热传递造成的能量损失,火焰传播速度逐渐降低。当火核扩张到一定程度,燃烧反应区能够提供充足的热量,超过传热造成的损失,火焰传播速度开始增加。因此,火焰传播速度转折点对

---

①　1 bar = 10^5 Pa。

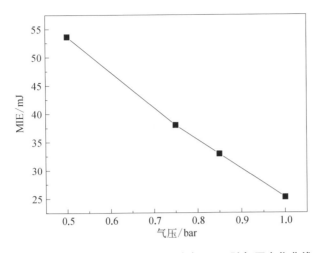

图 2.3　当量比 1.0 丙烷/空气混合气 MIE 随气压变化曲线

于点火成功至关重要。度过转折点后,火焰转变为自持燃烧,否则,火核逐渐消散,点火失败。

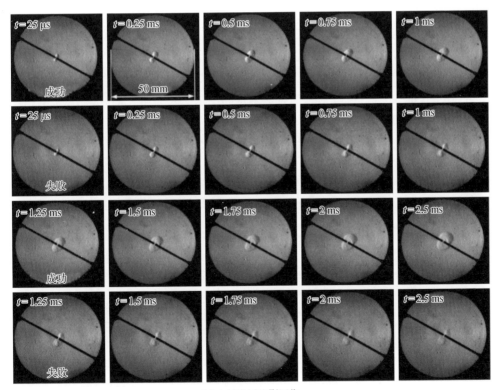

(a) 火核发展纹影图像

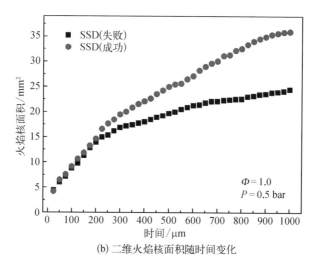

(b) 二维火焰核面积随时间变化

图 2.4 化学计量比丙烷/空气在 0.5 bar 和非点燃情况

根据临界火核半径理论,初始火核在一定时间内能够增长并超过临界火核半径 R_c 是成功点火的必要条件[2]。图 2.4(b)对比了点火成功和点火失败时火核面积的演变,两者区别出现在约 300 μs 时。点火成功的火核超过了某一临界值并保持快速增长,而另一个则增长缓慢并逐渐消散,这个临界值就是 R_c。R_c 取决于反应物的 Lewis 数,并且与火焰厚度成正比。丙烷/空气混合气的当量比越小,Lewis 数越大,实现点火成功所必须超过的 R_c 越大;低气压条件下火焰厚度增加,同样导致 R_c 增大[3,4]。因此,造成低气压点火困难的原因之一是 R_c 变得非常大,为了提高低气压点火性能,必须产生更大的初始火核。

点火理论表明,MIE 与环境压力的平方成反比,低气压条件下 MIE 上升,需要更大的点火能量。根据帕邢定律,击穿电压随着压力的下降而减小,电流也会随着压力的下降而减小,低压条件使放电功率降低,对周边混合气加热能力降低,这也将导致点火能力降低[5]。因此,提高低气压条件下的点火可靠性,关键在于提高放电效率,产生大尺寸初始火核。

2.2 多通道放电等离子体点火方法

常规电火花放电过程分为击穿、电弧和辉光三个阶段,电流在放电击穿后的几纳秒内达到峰值,随后振荡衰减,同时电压呈指数下降[6]。这意味着击穿后只能维持一个等离子体通道,能量利用率低,产生的火核小。为此,提出多通道放电等离子体点火方法,以获得更大的初始火核,其内涵是:首个电极间隙被击穿之后,维持住电极间隙两端的高电压。尽管击穿阶段与电弧阶段非常接近,难以清晰地加以区分,但毫无疑问这两个阶段是确实存在的。击穿后,电压迅速下降意味着大部分能量被释放。为了在第一个电极间隙击穿后维持高电压,必须抑制电弧阶段以减少能量释放。为此,提出了一种分步击穿的方法来实现击穿阶段与放电阶段的分离。

基于分步击穿方法设计的新型双通道放电的电路见图 2.5(a),该电路在第一个电极间隙之后增加了隔离模块 I_1,与主电容器并联。隔离模块包括次级电容器 $C_{1,2}$ 和限流电阻 $R_{1,2}$,次级电容器的作用是在电极间隙击穿之前维持电极间隙两端的电压差,限流电阻则用于击穿后限制电流和抑制能量释放。测量点 U_0 表示主电容器 C 的电压,由直流电源控制。同时,U_0 也是首个电极间隙 EC_1 击穿之前的电压。击穿过程中电压、电流变化见图 2.5(b),当 EC_1 被击穿时,电流 A_0 陡然增加,但与传统的火花放电不同,电流 A_0 迅速衰减到 0,未出现大量的能量释放。第二个电极间隙 EC_2 两端的电压 U_1 在 50 ns 内升高到峰值 7 kV,最终维持在 5.2 kV

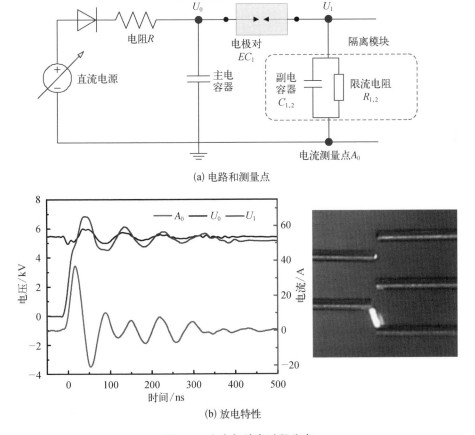

(a) 电路和测量点

(b) 放电特性

图 2.5　击穿与放电过程分离

左右。重要的是,主电容器电压 U_0 在 EC_1 击穿后只有很小的振荡,并保持在 5.4 kV。这意味着 EC_1 的击穿阶段与电弧放电阶段实现了分离,高电压从 EC_1 传递到 EC_2,确保了后续电极间隙的击穿。

采用相同的分离方法,通过图 2.6(a) 所示的电路实现了多通道放电的"击穿-放电"分离,电极间隙 EC_1、EC_2 和 EC_3 按次序击穿。图 2.6(b) 显示了电压 U_1、U_2 和 U_3 上升到峰值的顺序,U_1、U_2 和 U_3 分别在 10 ns、70 ns 和 100 ns 左右达到峰值,电压信号波动后维持在 5.2 kV 左右,证实了分步击穿的可行性。

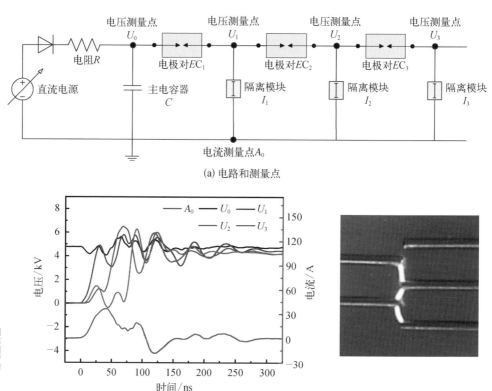

图 2.6 多通道火花放电的分离

图 2.7 显示了多通道火花放电(multi-channel spark discharge, MSD)的完整放电状态。最末端电极间隙的低压端与接地线连接,三个电极间隙次第击穿,主电容能量完全释放,在电极组之间形成明亮强烈的火花放电。U_1、U_2 和 U_3 的电压在 0.1 μs 内按时间顺序递增,完全击穿后,三个电压同步下降。MSD 的总电流在 0.2 μs 内上升到约 380 A,随后振荡衰减。MSD 在电极组之间击穿放电,实现了大面积集中区域加热,获得了更大的初始火核。

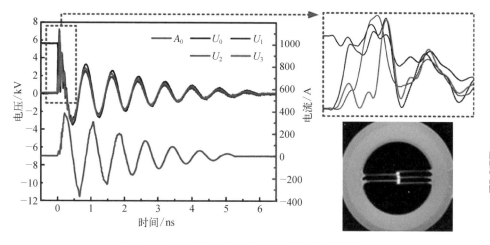

图 2.7 多通道火花放电(MSD)完整放电状态

2.3 层流预混气多通道放电等离子体点火研究

2.3.1 多通道火花放电等离子体点火研究

在常压和低压条件下进行点火实验,对比不同初始压力和当量比条件下多通道火花放电和单通道火花放电的点火特性,研究多通道火花点火的火核发展规律,验证多通道放电技术在低压、贫燃条件下强化点火的效果。

为确保相同的输出条件,SSD 和 MSD 的总放电能量分别为 61.6 mJ 和 62.23 mJ。图 2.8 比较了 SSD 和 MSD 在当量比 0.8、1.0 和 1.6 的丙烷/空气混合气中的点火

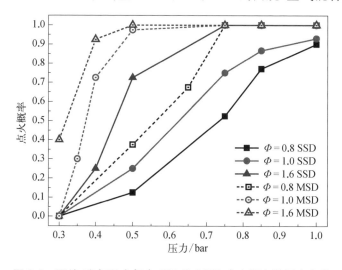

图 2.8 丙烷/空气混合气中 SSD 和 MSD 点火概率随压力变化

概率。对于稀混合气,当初始压力降低到 0.5 bar 时,SSD 的点火概率随着初始压力的减小而从 0.9 下降到 0.125,而 MSD 的点火概率则下降到 0.375。低气压条件下 R_c 增大,SSD 的点火概率随着初始压力的降低而迅速减小,相同工况下,MSD 具有更高的点火概率。对于当量比为 1.0 和 1.6 的混合气,初始压力减小到 0.5 bar,SSD 的点火概率分别从 0.925 下降到 0.25,从 1 下降到 0.725,而 MSD 的点火概率则几乎保持在 100%。低气压条件下,MSD 的点火概率远高于 SSD 的点火概率。当初始压力进一步降低(0.3 bar),当量比为 0.8 和 1.0 的丙烷/空气混合物难以点火,MSD 和 SSD 的点火概率都为零。因此,考虑将纳秒脉冲放电等离子体与多通道放电相结合,以提高低气压下的点火性能。

　　图 2.9(a)显示了 SSD 和 MSD 的火核发展过程。SSD 的放电通道内产生规则的球形火核,发展形成光滑的球形自持火焰。MSD 的放电通道依电极排布,在展

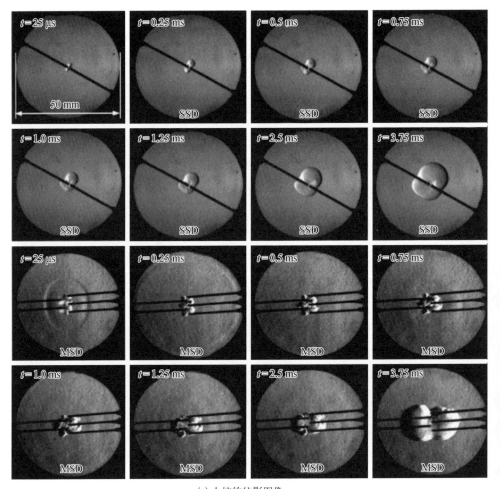

(a) 火核的纹影图像

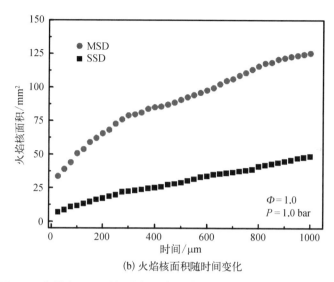

(b) 火焰核面积随时间变化

图 2.9　当量比 1.0 丙烷/空气混合气常压下 SSD 和 MSD 火核发展对比

开式多通道放电中心产生不规则的细长形火核,随后,火核迅速扩张,形成非常不规则的火焰区域。图 2.9(b) 中给出了火核发展的细节,MSD 的初始火核面积几乎是 SSD 所形成火核的三倍,这种区别随着火核的发展而增加。MSD 所形成的不规则火焰皱褶似乎能够促进火核的生长和传播。

初始压力 0.5 bar,SSD 和 MSD 的火核发展过程如图 2.10 所示。比较表明,低压下 MSD 的优势更明显,MSD 能够产生更大的初始火核,这对强化点火非常重要。MSD 点火和 SSD 点火成功/失败案例在火核发展过程的形状和相同时刻所达到的尺寸完全不同。对于点火失败的 SSD 案例,火核面积增长在 $0.4 \sim 1$ ms 几乎停滞,纹影图中可见到火核逐渐消散,无法形成向外传播的自持火焰。MSD 的初始火核面积比 SSD 大两倍,多通道放电产生更大的初始火核是 MSD 提高点火概率的关键。低压条件下火焰厚度增加,导致 R_c 和 MIE 增加,MSD 产生的强大火核能够抵消低气压造成的不利影响。

当初始压力进一步降低时,MSD 的增强效果不足以实现可靠点火。以初始压力 0.4 bar 为例,MSD 可以产生更大的初始火核,能够超过 R_c,但仍然点火困难,如图 2.11 所示,火核沿电极向外扩展,625 μs 后分裂成两部分。MSD 的火核在分裂后虽然继续增大,但增速缓慢。结合图 2.11(b) 火核面积变化分析,火核分裂后面积增长速度几乎停滞,与 SSD 点火失败时火核面积变化规律类似。

为了进一步分析多通道放电等离子体对点火的影响,研究了集中式电极分布和分散式电极分布两种类型 MSD 等离子体的点火特性。主电容器电压为 4.5 kV,采用当量比 1.0 丙烷/空气混合气,不同初始压力条件下集中式和分散式 MSD 点火概率如图 2.12 所示。随着初始压力降低,分散式 MSD 点火概率迅速下降。相同压力条件下,集中式 MSD 的点火概率明显高于分散式 MSD。低压 0.5 bar 时,分散式 MSD 的点火概率为 0.45,集中式 MSD 保持 100% 点火可靠性。

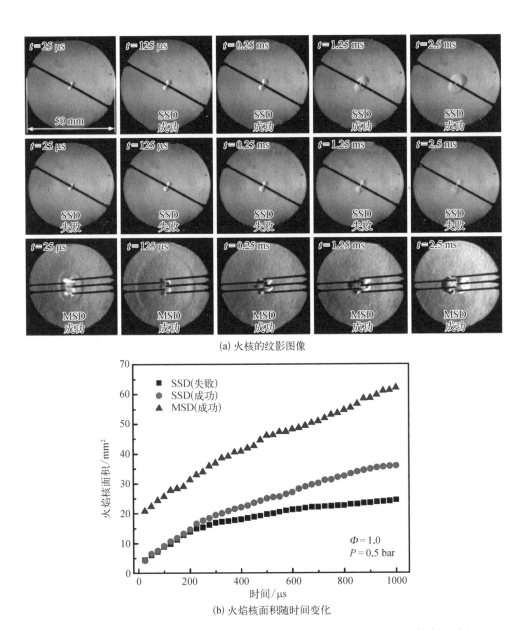

(a) 火核的纹影图像

(b) 火焰核面积随时间变化

图 2.10 当量比 1.0 丙烷/空气混合气低压下(0.5 bar)SSD 和 MSD 火核发展对比

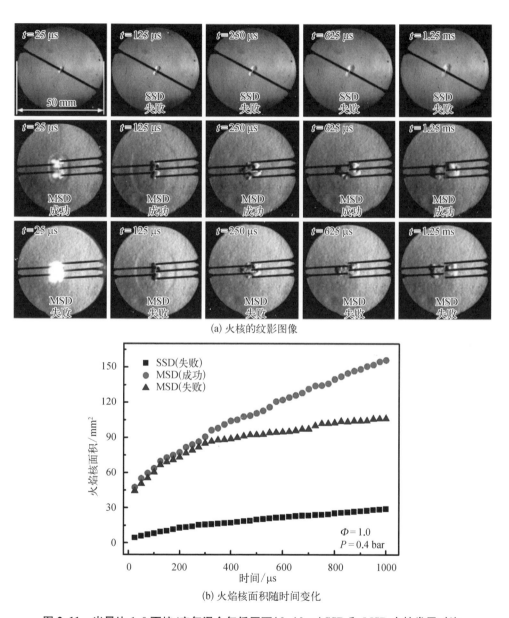

(a) 火核的纹影图像

(b) 火焰核面积随时间变化

图 2.11　当量比 1.0 丙烷/空气混合气低压下(0.4 bar) SSD 和 MSD 火核发展对比

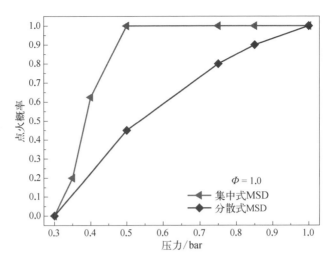

**图 2.12　当量比 1.0 丙烷/空气混合气集中式和
分散式 MSD 点火概率随压力的变化**

　　当量比 1.0 丙烷/空气混合气常压下集中式和分散式 MSD 火核发展过程如图
2.13(a) 所示,分散式 MSD 同时形成三个小火核,每个火核独立发展,火核发展初
期互不干扰。集中式 MSD 将放电通道连接在一起,形成一个大体积初始火核,火
核尺寸明显超过分散式 MSD 的三个独立火核。图 2.13(b) 中给出了火核发展的
细节,集中式 MSD 的火核在 1 ms 内达到 88.4 mm^2,几乎是同一时期分散式 MSD 三
个独立火核面积(52.5 mm^2、53.6 mm^2、59.1 mm^2) 的 1.5 倍。集中式和分散式
MSD 点火对比进一步印证了临界火核理论,同为多通道火花放电,集中式 MSD 能
够聚合放电通道形成更大的初始火核,满足低压下更大的 R_c 需求。因此,低气压
下集中式 MSD 的点火性能明显优于分散式 MSD。

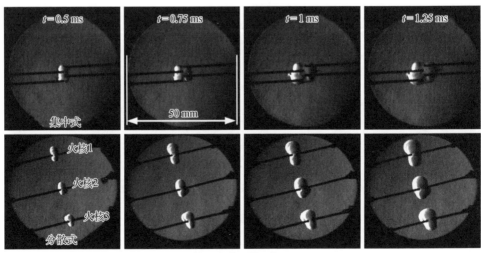

(a) 火核的纹影图像

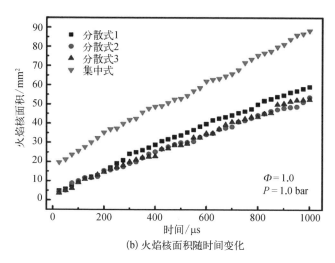

(b) 火焰核面积随时间变化

图 2.13　当量比 1.0 丙烷/空气混合气常压下集中式和分散式 MSD 火核发展对比

2.3.2　多通道纳秒脉冲放电等离子体点火研究

将纳秒脉冲等离子体与多通道放电技术结合,研究多通道纳秒脉冲放电等离子体提高低气压下点火性能,揭示多通道纳秒脉冲放电等离子体点火机理。

对比研究单通道火花放电(single-channel spark discharge,SSD)、单通道纳秒脉冲(single-channel nanosecond discharge,SND)和多通道纳秒脉冲(multi-channel nanosecond discharge,MND)三种方式点火性能,SSD 点火能量 61.6 mJ,SND 和 MND 以 15 kHz 的频率每次输出 75 个脉冲,总能量分别为 43.15 mJ 和 48.46 mJ。采用当量比 0.8、1.0 和 1.6 的丙烷/空气混合气,不同初始压力下,SSD、SND 和 MND 点火对比如图 2.14 所示。随着压力降低,SSD 和 SND 的点火概率迅速下降。相同压力下,SND 点火概率高于 SSD,说明纳秒脉冲等离子体能够提高点火能力。

混合气当量比 0.8 和 1.0 情况下,初始压力下降到 0.3 bar 时,SSD 和 SND 两种方式均无法有效点火。与 SSD 和 SND 相比,MND 的点火概率最高,尤其是在稀混合气、初始压力较低的情况下,几乎可以保持 100% 的点火概率,极大地提高了低气压环境下点火的可靠性。因此,相同条件下 SND 比 SSD 的点火能力更强,而 MND 能够进一步提高低压下点火性能。图 2.14 同样表明,低气压条件下的稀混合气比浓混合气更难点燃,这是由于稀混合气具有较大的 Lewis 数,R_c 和 MIE 都随着 Lewis 数单调增加。

为研究三种放电方式对火核发展过程的影响,采用当量比 1.0 丙烷/空气混合气,在常压下(1.0 bar)进行实验。SSD、SND 和 MND 的火核发展如图 2.15 所示,三者的火核都在放电通道中心产生,随后成长为自持传播的火焰,但不同放电方式形成的火核扩展过程不同。从外观上看,SSD 的火核更接近光滑的球形,均匀地向外扩展。而 SND 产生的火核则出现类似于多层细胞的不稳定性结构,火核边界呈现为褶

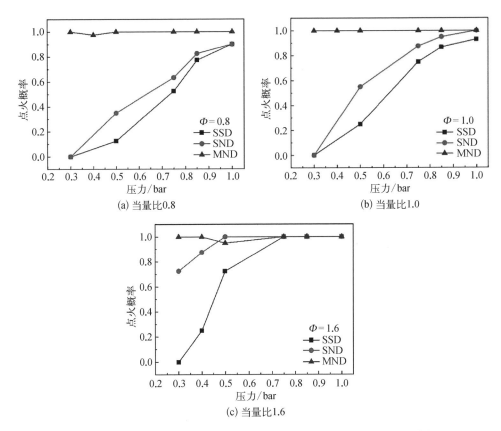

图 2.14 丙烷/空气混合气 SSD、SND 和 MND 的点火概率随压力的变化

皱边缘,火核大小逐渐超过 SSD。对于 SND 点火,火核的扩展主要由后续脉冲能量的释放引起。SND 放电频率 15 kHz,相邻放电脉冲间隔约 67 μs,而等离子体通道可以维持约 100 μs[7, 8]。在下一个脉冲放电时,初始等离子体通道尚未冷却消散,并受到后续脉冲的强化作用。因此,纳秒脉冲等离子体可以诱发形成快速生长的火核。

与单通道放电方式(SSD、SND)相比,MND 点火在初始阶段产生更大的火核,如图 2.15 所示。此外,MND 能够引起比 SND 更强烈的火焰面褶皱,这些火焰面上的褶皱能够增加反应区面积,促进火核扩展。因此,MND 能够通过产生体积更大,增长速率更快的初始火核,强化点火。

图 2.16 显示了丙烷/空气混合气在低压条件下($\Phi = 0.8$, $P = 0.75$ bar;$\Phi = 1.0$, $P = 0.5$ bar),SSD、SND 和 MND 的火核发展过程,其结果验证了上述结论。比较表明,MND 能够进一步提高丙烷/空气稀混合气在更低初始压力下的点火性能。丙烷/空气稀混合气具有较大的 Lewis 数,低压条件下,火焰厚度变大,满足其点火所需的 R_c 增大,形成自持火焰的难度增加。与 SSD 和 SND 相比,MND 在低压和贫燃条件下产生体积更大,增长速率更快的初始火核,更容易实现点火。

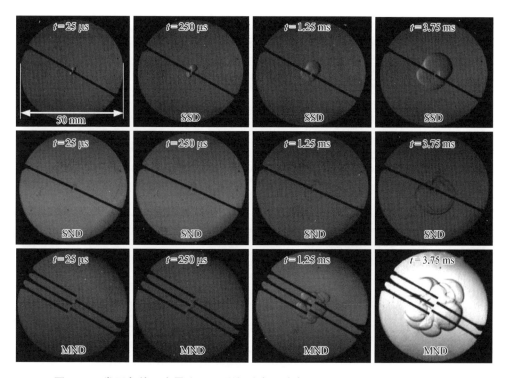

图 2.15　常压条件下当量比 1.0 丙烷/空气混合气 SSD、SND 和 MND 火核发展

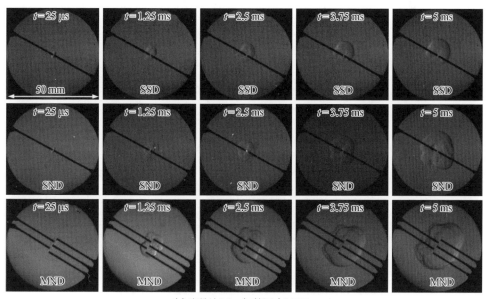

(a) 当量比 0.8，初始压力 0.75 bar

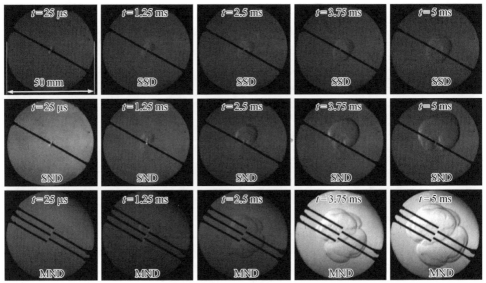

(b) 当量比1.0，初始压力0.5 bar

图 2.16　低压条件下丙烷/空气混合气 SSD、SND 和 MND 火核发展

常压条件下，当量比 1.0 的丙烷/空气混合气采用 SSD、SND 和 MND 点火的火焰发展时间和火焰上升时间如图 2.17 所示。结果表明，SSD 点火的火焰发展时间最长(12.3 ms)，而 MND 点火的火焰发展时间最短(9.3 ms)，与 SSD 相比，MND 点火使火焰发展时间降低 24%。这证明 MND 能产生更大、增长速度更快的初始火核，促进点火过程。但是，对于不同的放电方式，火焰上升时间的变化在 5% 以内。

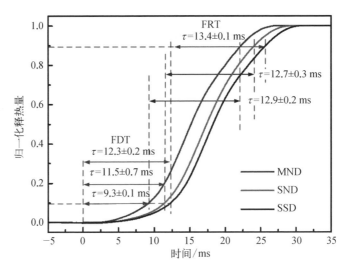

图 2.17　当量比 1.0 丙烷/空气混合气常压下点火的火焰发展时间和火焰上升时间

因此,不同放电方式只对初始火核的发展有影响,当火焰半径达到某个临界值时,点火方式对后期火焰传播的影响较小。

图 2.18 总结了常压条件下不同当量比($\varPhi = 0.8 \sim 1.6$)丙烷/空气混合气的火焰发展时间和火焰上升时间,几乎所有条件下,SND 和 MND 都比 SSD 点火具有更短的火焰发展时间。尤其在当量比 0.8 时,SND 和 MND 代替 SSD 点火可以极大地降低火焰发展时间。受较大 Lewis 数和较高正拉伸率影响,稀混合气的火焰传播速度较低,同时 R_c 增大,所以在图 2.18(a)中当量比 0.8 时观察到较长的火焰发展时间。与当量比 1.0 的混合气相比,浓混合气的火焰传播速度同样较低。但是,浓混合气的 Lewis 数更小,R_c 减小。浓混合气的火焰发展时间受当量比影响较小,不同点火方式对其火焰发展时间的影响变得相对微弱。虽然 SND 和 MND 可以减小火焰发展时间,从图 2.18(b)来看,不同放电方式对火焰上升时间的影响很小。因此,图 2.18 的结果进一步表明,不同点火方法能够对初始火核发展造成重要影响,但是对随后的火焰传播几乎没有作用。

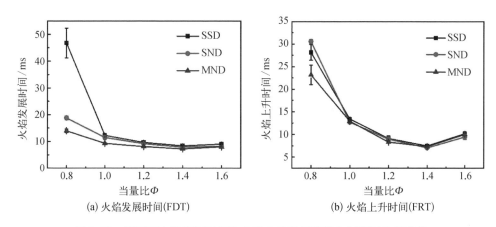

(a) 火焰发展时间(FDT)　　　　(b) 火焰上升时间(FRT)

图 2.18　常压下火焰发展时间和火焰上升时间随混合气当量比的变化

采用当量比 1.0 的丙烷/空气混合气,不同初始压力下($P = 0.5 \sim 1.0$ bar),SSD、SND 和 MND 三种点火方式的火焰发展时间和火焰上升时间如图 2.19 所示。初始压力一致时,火焰发展时间以 SSD、SND 和 MND 的顺序依次减小。常压下,MND 的火焰发展时间比 SSD 缩短约 24%,并且随着初始压力的降低,这个差值不断增大,低压 0.5 bar 时缩短 34%。因此,MND 可以通过减少在不同压力下的火焰发展时间来提高点火能力。对于火焰上升时间,由于低气压下火焰传播速度变大,火焰上升时间随着初始压力的降低而缩短。

为了研究相同电极布局下的纳秒脉冲放电和火花放电与多通道放电技术的结合,对 MND 和 MSD 点火特性进行了对比。图 2.20 显示了当量比 1.0 的丙烷/空气混合气在常压下由 MSD(62.23 mJ)和 MND(15 kHz,48.46 mJ)点火形成的火核

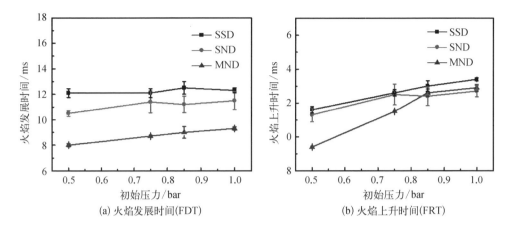

(a) 火焰发展时间(FDT)   (b) 火焰上升时间(FRT)

图 2.19　当量比 1.0 丙烷/空气混合气的火焰发展时间和火焰上升时间随初始压力的变化

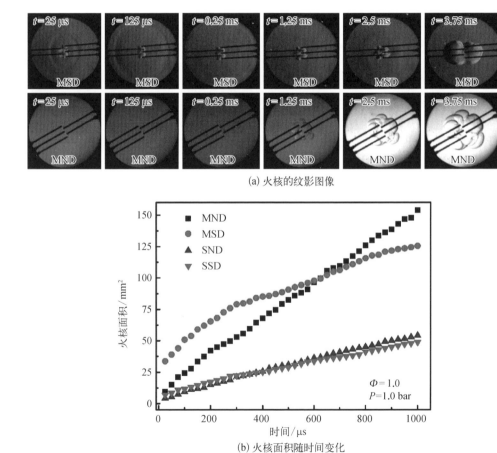

(a) 火核的纹影图像

(b) 火核面积随时间变化

图 2.20　当量比 1.0 丙烷/空气混合气常压下 MSD 和 MND 火核发展对比

发展对比。MND 点火形成的火核比 MSD 的火核更加不规则,纳秒脉冲放电引起的火焰面褶皱加速了火核的传播过程。从火核面积分析,MSD 点火初期能量集中释放,形成火核较大,但 MND 的初始火核传播速度更快,在多脉冲诱导协同效应的作用下,700 μs 左右追上并超过 MSD 所形成的火核,这种差距随着时间发展增大。

与 MSD 点火相比,MND 结合了多通道放电和纳秒脉冲放电的优点,多个脉冲放电的连续性和较高的能量利用效率,可以形成快速增长的火核。同时,纳秒脉冲放电引起的火焰面褶皱能够加速火核的传播。因此,MND 通过产生更大、增长速度更快的初始火核来强化点火。采用当量比 1.0 的丙烷/空气混合气,SSD、SND、MSD 和 MND 在不同初始压力条件下点火概率的对比见图 2.21。由于 MND 能够产生远超过 SSD、SND 和 MND 的初始火核,因而在低压、贫燃条件下点火可靠性更高。MND 与 MSD 在低压 0.3 bar 对比尤其明显,这与纳秒脉冲等离子体能够产生大量活性粒子有关,这些活性粒子改变了化学反应路径,加快反应速率,增大火焰强度,避免了火核因拉伸破碎而造成淬熄。

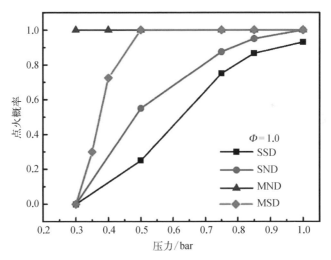

图 2.21　当量比 1.0 丙烷/空气混合气 SSD、SND、MSD 和
MND 的点火概率随压力的变化

2.3.3　多通道放电等离子体点火机理分析

根据前述实验结果和理论分析,总结低气压下多通道纳秒脉冲放电等离子体点火机理见图 2.22。对于点火而言,放电形成的初始火核在一定时间内达到并超过临界火核半径是点火成功的必要条件;火核发展过程中出现分裂,同样会导致点火失败。低气压、贫燃条件下丙烷/空气混合气 Lewis 数增大,火焰厚度增加,火焰传播速度降低,引起临界火核半径增大,MIE 增大,点火成功所需要满足的条件更

加苛刻。低气压下击穿电压降低,火花放电趋于辉光,有效放电能量减小,造成低气压点火困难。

多通道放电具有大面积加热的优势,分步式击穿提高放电效率,并诱导产生火核边缘褶皱,增加火焰面反应区面积。纳秒脉冲等离子体能够产生大量活性粒子,强化燃烧反应;放电脉宽短,抑制流注向电弧转变,提高能量利用率;多脉冲放电模式,产生协同作用。多通道纳秒脉冲放电等离子体兼具两者的优势,形成高能量、大体积初始火核满足临界火核半径需求,促进初始火核传播,提高火核强度,抑制火核分裂。多通道纳秒脉冲放电等离子体主要作用于点火初期,促进初始火核向自持火焰的转变,对后期火焰传播几乎没有影响。

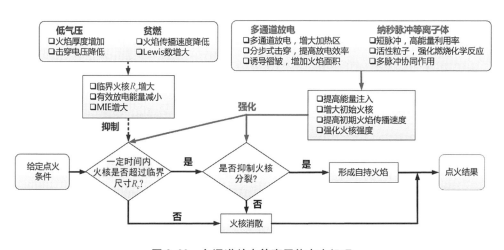

图 2.22　多通道放电等离子体点火机理

参考文献

[1]　Moffett S P, Bhanderi S G, Shepherd J E, et al. Investigation of statistical nature of spark ignition[C]. Livermore: 2007 Fall Meeting of the Western States Section of the Combustion Institute, 2007.

[2]　Chen Z, Burke M P, Ju Y. On the critical flame radius and minimum ignition energy for spherical flame initiation[J]. Proceedings of the Combustion Institute, 2011, 33(1): 1219 - 1226.

[3]　Law C K. Combustion physics[M]. Cambridge: Cambridge University Press, 2010.

[4]　Chen Z, Ju Y. Theoretical analysis of the evolution from ignition kernel to flame ball and planar flame[J], Combustion Theory and Modelling, 2007, 11: 427 - 453.

[5]　张志劲,蒋兴良,胡建林,等.低气压下的直流电弧特性[J].高电压技术,2009,35(4): 790 - 795.

[6]　Maly R, Vogel M. Initiation and propagation of flame fronts in lean CH4-air mixtures by the three modes of the ignition spark[J]. Symposium (International) on Combustion, 1979, 17

(1): 821 – 831.

[7]　Xu D. Thermal and hydrodynamic effects of nanosecond discharges in air and application to plasma-assisted combustion[D]. Paris: Ecole Centrale Paris, 2013.

[8]　Lefkowitz J K, Guo P, Ombrello T, et al. Schlieren imaging and pulsed detonation engine testing of ignition by a nanosecond repetitively pulsed discharge[J]. Combustion and Flame, 2015, 162(6): 2496 – 2507.

第3章
旋流燃烧室多通道放电等离子体点火研究

低压、低温、高速等极端条件下,点火器放电能量减小,点火器附近局部拉伸率增大,燃料雾化、蒸发速率下降,航空涡轮发动机旋流燃烧室的点火边界显著变窄。为此,本章在第2章的基础上,设计了多通道放电等离子体点火器,分别在旋流基础燃烧室和部件燃烧室上,进行多通道放电等离子体点火实验研究,获得点火边界拓展效果及其变化规律。

3.1　多通道放电等离子体点火器

3.1.1　多通道放电等离子体点火器设计

第2章详细介绍了基于顺次击穿、同步放电的多通道放电等离子体点火方法,将该方法与点火器结合,设计了多通道放电等离子体点火器(multi-channel plasma igniter,MCPI)的原型试验件。常规电火花点火器(spark igniter,SI)通常采用高压电极、低压电极同轴心式布局,电极之间的环形缝隙内涂覆半导体涂层。MCPI采用C形布局的多电极结构,电极所在环形区域上涂覆半导体涂层,高电压沿着C形电极逐个击穿,实现多通道环形放电。多通道等离子体点火器由电极、氧化铝陶瓷绝缘体以及半导体三个部分组成,如图3.1所示。电极材料由$Cr_{20}Ni_{80}$制成,可以耐高温耐电蚀,6个直径为1.2 mm的圆柱形电极布置于直径为6 mm的圆上并呈"C"形布局,电极间距为1 mm,凸出表面约0.5 mm。从俯视图看,呈"C"形布局的第一个电极(逆时针看)为高压电极,最后一个电极为地电极,中间是四个中心电极。绝缘材料是陶瓷。电极附近与电极之间的区域涂敷了厚度约为0.1 mm的半导体涂层。半导体材料的主要成分是SiO_2、CuO、Fe_2O_3,按一定比例混合而成,涂在放电通道表面,在一定高温下烧制而成。半导体具有这样的特性:当加载电压未达到击穿电压时,放电通道表现出绝缘体的性质,一旦加载电压达到甚至超过其击穿电压时,就会瞬间形成"C"形放电通道,并在半导体表面形成强烈的电弧。多通道等离子体点火器与原有半导体点火器尺寸相同,可以原位替换。

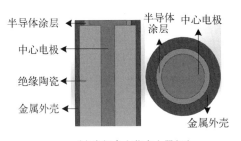
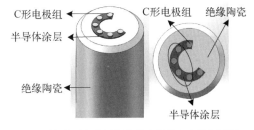

(a) 常规电火花点火器(SI)　　　　　　(b) 多通道表面放电等离子体点火器(MCPI)

图 3.1　常规电火花点火器与多通道表面放电等离子体点火器结构示意图

　　为解决燃烧室高温环境导致多通道放电等离子体点火器端面烧蚀的问题,必须采取一定的气流冷却措施。通过将燃烧室中火焰筒与机匣间的二股气流引入点火器冷却流道的方式实现对点火器端部的冷却,设计研制了冷却型多通道等离子体点火器。该冷却方式无须外部气源驱动,而是利用二股通道和火焰筒内主燃区之间的压力差来驱动气流进入点火器气冷流道实现冷却。冷却型多通道等离子体点火器由多通道等离子体点火器和冷却外壳两部分组成。冷却外壳通过螺纹结构与嵌入式多通道等离子点火器连接,装配后的冷却流道结构如图 3.2 所示。该外壳采用增材制造技术加工成型。外壳端部直径为 19.5 mm,与发动机点火器尺寸相同。冷却气流从壳体壁面距离端面 25 mm 的键型孔流入冷却流道,从端面两圈周向均匀分布的出口小孔流出。内圈 10 个小孔直径为 0.8 mm,外圈 20 个小孔直径为 0.5 mm。内部冷却流道分为两层,中间通过 6 个直径为 1 mm 的周向排列流通孔连接。外层流道由冷却壳体两层壁面形成,厚度为 1 mm。内层流道由冷却壳体的内壁面和点火器外壁面形成,厚度为 1 mm。冷却结构阻隔了外部高温向点火器端部的热传导,并且通过强制对流换热加快了腔内的热量耗散,实现了对点火器端部的冷却。

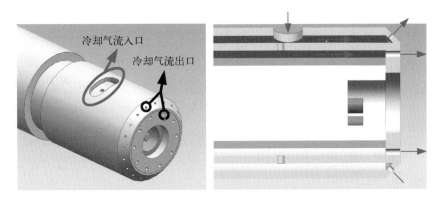

图 3.2　冷却型多通道等离子体点火器结构示意图

3.1.2　多通道放电等离子体点火器的工作特性

采用 MCPI 进行加热特性实验,在封闭圆柱腔内测量电弧放电对周围空气的加热效应,封闭腔内空气温度随时间的演化规律如图 3.3 所示。放电开始后,封闭腔内温度逐渐增加,且在 35 s 左右趋于稳定,达到热平衡;随着放电通道数增加,封闭腔内气体温度上升速率更快,而且最终趋于稳定的温度值也更高。由此可见,多通道放电会使电弧放电释放的热量更快、更多,对点火器周围的气体加热效果更好,更容易加热可燃混合物,实现点火。

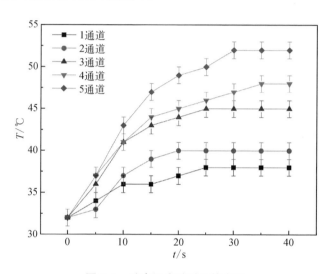

图 3.3　腔内温度随时间的变化

不同气压下,1 通道~5 通道放电等离子体点火器的放电图像如图 3.4 所示。可以看出,在一定气压下,随着放电通道数的增加,电弧长度逐渐增加,点火器 5 通道放电时的电弧长度约为 1 通道放电的 5 倍,放电区域显著增加。

对多通道等离子体点火器的放电能量进行定量测试,如图 3.5 所示。随着放电通道数的增加,点火器的放电能量逐渐增加,在气压达到 30 kPa 以上时尤为明显。

为了对比多通道等离子体点火器与普通半导体点火器诱导的初始火花尺寸,在大气压环境下,将多通道等离子体点火器与普通半导体点火器串联连接后,由单个点火电源驱动放电。多通道等离子体点火器和普通半导体点火器的火花发展过程如图 3.6 所示,从图中可以看出,与传统的半导体点火器相比,多通道等离子体点火器的火核面积成倍增加,火花穿透深度也显著增加。

冷却型多通道等离子体点火器在不同冷却气流流量下的火花演化过程如图 3.7 所示。无冷却气流条件下,放电初始时刻在点火器端面附近产生了一个大尺寸火花。随着时间的推移,火花缓慢向外喷出,且强度基本不变。在 1.5 ms 时,火

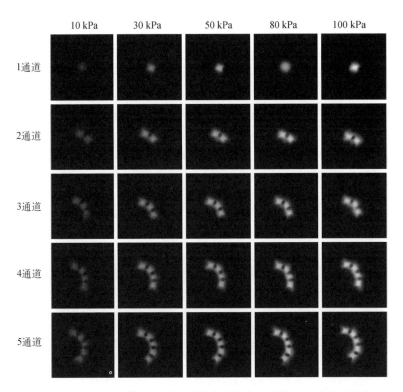

图 3.4　常、低压环境下不同通道数多通道等离子体点火器放电图像

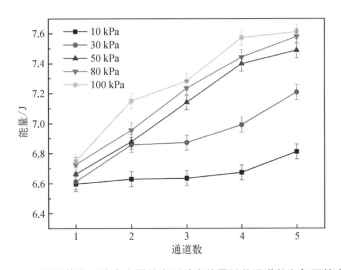

图 3.5　多通道等离子体点火器的电弧放电能量随着通道数和气压的变化

花轮廓分明,中心区亮度极高。随着冷却气流流量的增大,初始时刻的火花尺寸保持不变,但能以更快的速度向外喷射,强度迅速下降。冷却气流流量为 50 SLM 时,火花在 1.5 ms 后十分微弱,从侧视图很难捕捉。相同冷却气流流量下,单通道放电产生的初始火花尺寸和强度较小,且射流效果并不明显,演化过程中火花的强度和穿透深度都要明显小于3通道。当冷却气流流量为50 SLM时,在0.9 ms后几乎无法从侧视图看到单通道的火花,只能从俯视图看见腔内的电弧。

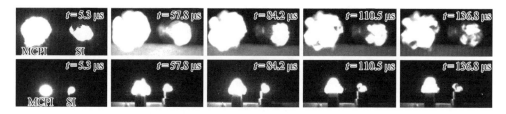

图 3.6　常压静止空气中的火核发展过程

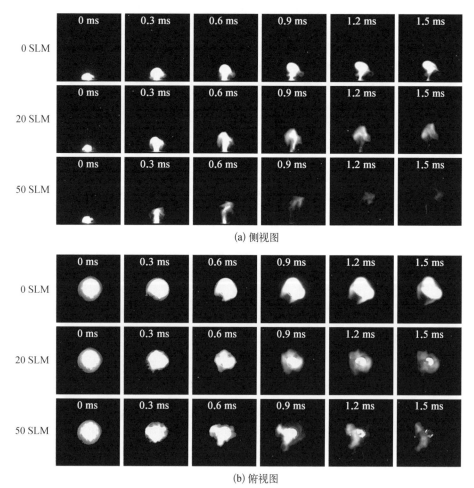

图 3.7　多通道放电等离子体点火器的火花演化过程

燃烧室中点火器附近的横向来流会改变火花演化过程,使得火花贴向燃烧室壁面。图 3.8 显示了多通道放电等离子体点火器在不同来流速度和冷却气流流量下的火花演化过程。随着冷却气流流量的增大,火花被快速吹出,能够达到较大的

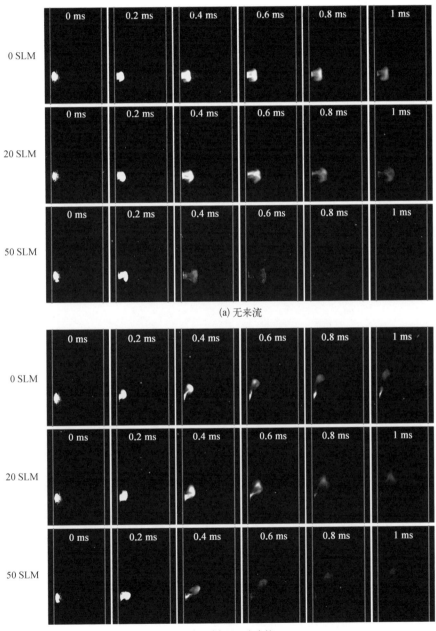

(a) 无来流

(b) 20 m/s 来流

图 3.8　三通道点火器火花演化过程

穿透深度,但同时带来了更大的热损耗。在 50 SLM 冷却气流作用下,火花强度迅速下降,在 1 ms 时火花已经十分微弱,很难被捕捉。相比无来流时,20 m/s 的来流会将火花迅速吹斜。

不同来流速度下多通道放电等离子体点火器火花穿透角度随冷却气流流量的变化规律如图 3.9 所示。在所有来流速度下,随着冷却气流流量的增大,火花穿透角度显著变大。在点火器端面附近,冷却气流能够有效阻挡横向来流,使得火花在初始阶段能够近似垂直射出。在 12 m/s 的来流速度下,无冷却气流时的火花穿透角度为 24.7°,而在 50 SLM 冷却气流作用下,火花穿透角度达到 78.1°。随着横向来流速度的增大,火花被吹倒,偏向壁面,火花穿透角度显著变小。在无冷却气流时,8 m/s 的来流就使得火花穿透角度达到 26.8°。高速来流主导了流场分布,减弱了冷却气流对火花穿透角度的改善作用。在 20 m/s 的来流速度下,50 SLM 冷却气流仅能将火花穿透角度从 22.1°提高至 51.2°。

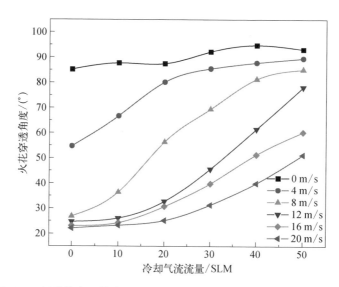

图 3.9　三通道等离子体点火器火花穿透角度随冷却气流流量的变化规律

3.2　基础燃烧室多通道放电等离子体点火实验

3.2.1　实验设备及测试方法

1. 实验设备

基础燃烧室及油气供应系统见图 3.10,基础燃烧室以钝体燃烧器为基础,将压力雾化喷嘴内置在钝体中,由高压氮气驱动形成燃油喷雾。采用压缩空气瓶为基础燃烧室提供空气,空气流量由流量计控制。为了研究低温环境对点火和熄火特性的影响,在气源和燃烧室之间安装有热交换器,采用液氮作为换热介质,能够实现最低温度为-50℃的空气来流。

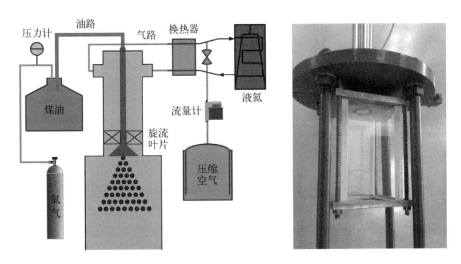

图 3.10　基础燃烧室及油气供应系统

基础燃烧室详细尺寸以及等离子体点火器安装结构见图 3.11。基础燃烧室内部为 80 mm×80 mm 的方形截面,长度为 150 mm,四周安装石英玻璃,用于光学观察测量。钝体燃烧器头部直径为 25 mm,空气出口直径为 35 mm,阻塞比约为 50%。距离钝体头部 40 mm 处安装有 60°旋流叶片,叶片轴向长度为 15 mm。供油管路外径为 8 mm,管壁厚度为 1 mm。进行了 4 个位置的点火特性测试,点火器安装在石英玻璃的中轴线上,点火位置与钝体平面距离分别为 20 mm(位置 a)、40 mm(位置 b)、60 mm(位置 c)和 80 mm(位置 d)。

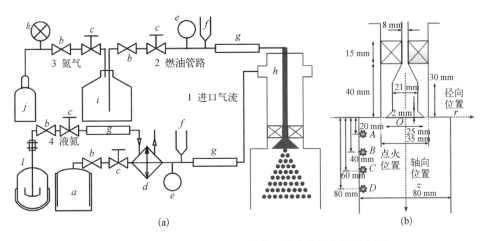

图 3.11　基础燃烧室结构及等离子体点火位置示意图

2. 测试方法

采用二维粒子图像测试(2D Particle Image Velocimetry, 2D PIV)、激光诱导荧光(planar laser induced fluorescence, PLIF)测试技术,研究基础燃烧室的喷雾场、流场和组分场特性。PIV 和 OH - PLIF 测试系统布置见图 3.12。PIV 系统配备高能双脉冲 Nd:YAG 激光器(V - shot 450),重复频率为 1~15 Hz,激光波长为 532 nm,脉宽为 6 ns,单脉冲能量为 400 mJ。OH - PLIF 系统采用初始激光波长为 355 nm、脉宽为 10 ns、频率 10Hz 的单脉冲泵浦激光器 Nd:YAG,初始激光经过染料激光器调谐和倍频后,输出波长为 283 nm,单脉冲能量为 200 mJ。PIV 系统的 532 nm 激光束与 OH - PLIF 系统 283 nm 激光束经反射镜、透射镜、合束镜作用下实现合束,经过片光镜头扩束形成高度约 50 mm、厚度 1 mm 的激光薄片。在基础燃烧室两侧,各自设置一台 CCD 相机和一台 ICCD 相机,分别用于记录 PIV 粒子成像和 OH 荧光信号。为了消除火焰发光信号干扰,在 PIV 相机前安装 532 nm 带通滤波片,在 OH - PLIF 相机前安装 310 nm 带通滤波片和紫外镜头。

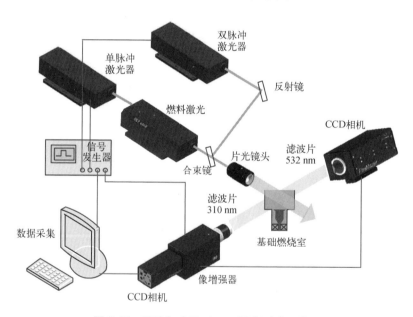

图 3.12 PIV 与 OH - PLIF 同步测试系统图

点火是瞬态过程,持续时间短,采用高速相机与 CH* 带通滤波片(427~439 nm)结合拍摄点火过程。点火过程中的火焰较弱,自发光强度较低,在缺少图像增强器的情况下,高速相机捕捉的原始图像区分度不足,为此,对原始灰度图进行伪彩色处理。对于基础燃烧室,采用整体当量比来表述点火和熄火极限。判定点火边界时,每次点火尝试的时间设置为 10 s,形成火焰且能够自持燃烧,则认为点火成功。相同当量比条件下进行 5 次点火尝试,5 次全部无法点火则认为无法点火。对于熄火边界,给定当量比下,5 s 内火焰无法维持燃烧,则认定熄火。

3.2.2　燃烧室冷态流场与喷雾场特性

图 3.13 显示了进口空气流量 300 SLM 条件下基础燃烧室流场分布,整体上呈左右对称状,能够清楚分辨出中心回流区与两侧回流区。燃烧室空气来流在旋流叶片作用下选装,进入燃烧室的气流具有径向、切向和轴向三个分速度[1]。

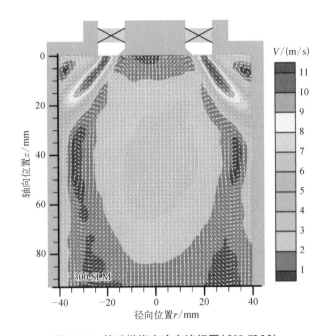

图 3.13　基础燃烧室冷态流场图(300 SLM)

供油压力为 0.2 MPa,不同空气流量下常温喷雾场分布见图 3.14。旋流空气流量增加,燃烧室内喷雾分布明显改善,喷雾索太尔直径(SMD)显著降低。在回流区作用下,喷雾主要集中在燃烧室头部。旋流空气作用下的破碎过程与空气湍流有关,湍流动能对喷雾的作用随燃油液柱与气流相对速度的增加而提高[2, 3]。在旋流空气作用下,燃油从喷嘴喷出后立即跟随气流运动,液滴和周围空气相对速度不再是液体射流的初始速度。随着空气流量的增大,空气湍流流动的动态压力上升,促使大液滴进一步破碎,降低喷雾粒径。

低温环境主要通过低温空气和低温燃油两个方面对燃烧室点熄火特性造成影响。空气流量 200 为 SLM,低温空气(-30℃)和低温燃油(-30℃)共同作用下燃油喷雾场如图 3.15 所示。低温燃油和低温空气共同作用下对喷雾质量造成的影响显著,在燃烧室中形成大片 SMD 超过 120 μm 区域。比较而言,低温燃油对喷雾场影响更大,低温燃油物理特性的改变是造成喷雾质量恶化的主要原因。

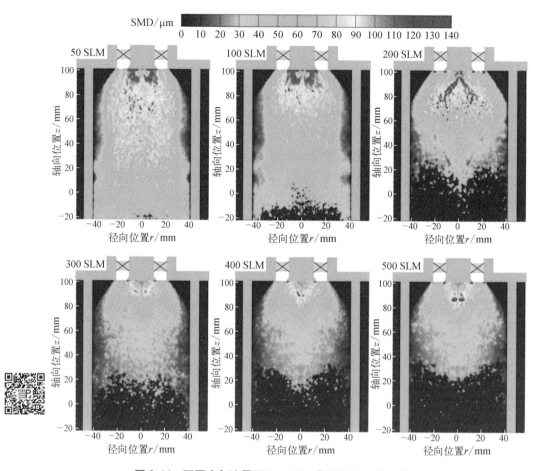

图 3.14 不同空气流量下 0.2 MPa 常温燃油(20℃)喷雾特性

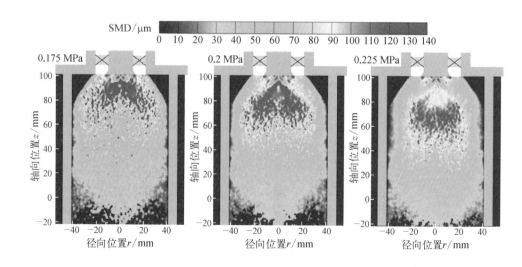

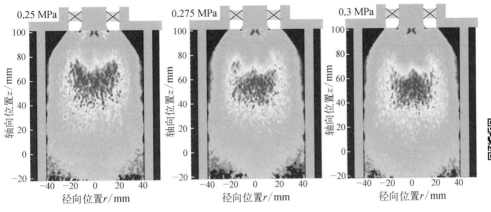

图 3.15　200 SLM 低温空气作用下低温燃油喷雾特性($T_{air} = -30℃$, $T_{fuel} = -30℃$)

3.2.3　点火实验结果与分析

1. 点火位置的影响

图 3.16 显示了不同点火位置的点火特性曲线,位置 b 的点火性能最好,相同来流条件下的贫油点火边界比其余三个位置更宽。位置 a 和位置 c 点火特性曲线比较接近,变化趋势基本保持一致。位置 d 的点火特性曲线在空气流量超过 300 SLM 时发生改变,贫油点火极限当量比上升。这是因为在较高空气流量下,高速气流将燃油喷雾带走,导致位置 d 处的有效油气比急剧下降。空气流量 400 SLM 和 500 SLM 两种工况下,位置 d 处几乎观测不到燃油液滴存在。在空气流量 200 SLM 条件下,进行了 SI 与 MCPI 点火性能对比。从点火边界看,MCPI 能够拓

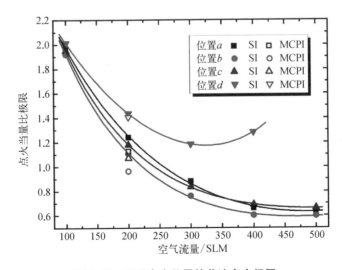

图 3.16　不同点火位置的贫油点火极限

宽点火位置 $a \sim c$ 处的贫油点火极限 $9\% \sim 13\%$。而对于位置 d，拓宽效果微弱，该位置处点火边界主要受局部当量比限制，等离子体点火器发挥作用有限。

空气流量为 200 SLM，供油压力 0.2 MPa 条件下，在点火位置 $a \sim d$ 处的 SI 与 MCPI 点火过程的 CH* 自发光信号分别如图 3.17～图 3.20 所示。点火位置不同，火核发展轨迹显著不同。对于点火位置 a，点火器放电形成火核，随后向燃烧室头部传播。火核在传播过程中发生分裂，一部分沿着两侧回流区发展到达头部，另外一部分进入中心回流区，同样向头部发展。头部被点燃后，火焰进而传播扩散到整个燃烧室。与 SI 点火过程相比，MCPI 在位置 a 的火核发展途径基本一致，但形成火核的尺寸和强度明显不同。火核在向头部发展过程中，热量不断损失，强度减

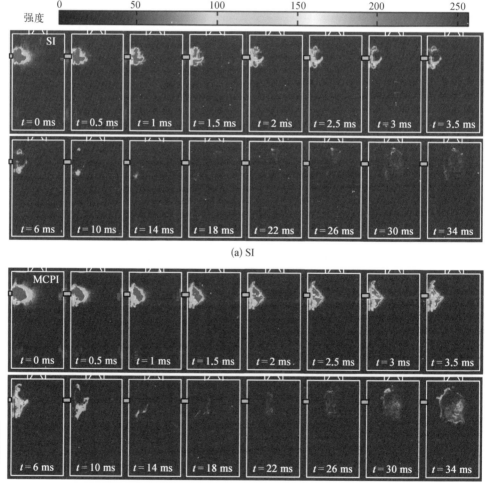

图 3.17　位置 a 点火过程（ AFR = 200 SLM, P_{inj} = 0.2 MPa）

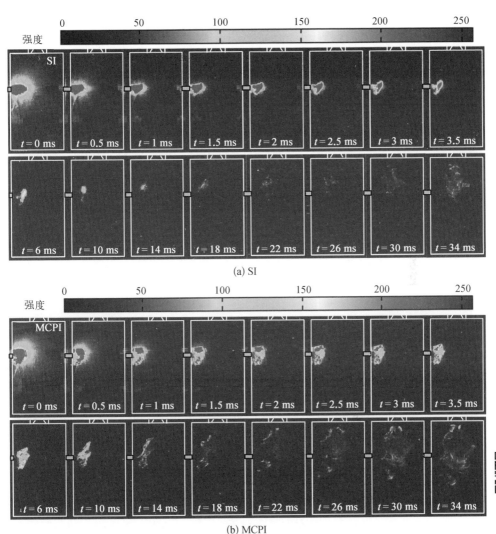

(a) SI

(b) MCPI

图 3.18　位置 b 点火过程（ AFR = 200 SLM, P_{inj} = 0. 2 MPa）

弱,SI 点火在 10~20 ms 的火核几乎不可见。而 MCPI 形成高能量、大体积初始火核,火核周围的预热蒸发区显著增大、油气掺混明显增强,火核释热量更大,能够清楚观测到火核发展路径。

　　点火位置 b 所形成的初始火核能够穿透近壁面的顺流区,直接进入回流区并沿回流区到达燃烧室头部,进而引燃整个燃烧室。该过程的传播路径较合理,火焰到达燃烧室头部的时间最短。对于点火位置 c,火核形成后在顺流区作用下,先向下游发展,火核整体位置下移,进入回流区后,火核向上游发展到达燃烧室头部。点火位置 d 的传播过程用时最长,火核产生后沿斜上方进入回流区,并由燃烧室底

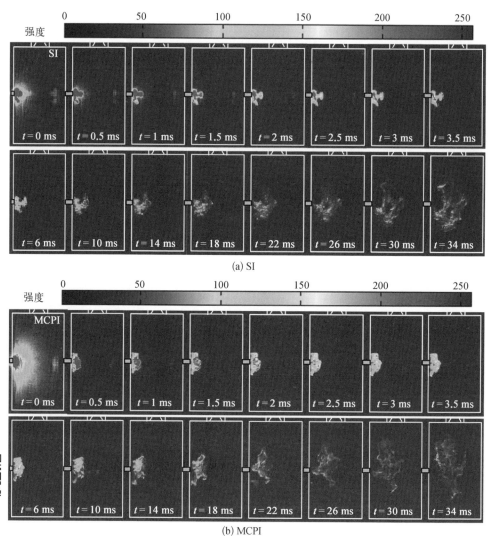

图 3.19　位置 c 点火过程（AFR = 200 SLM, P_{inj} = 0.2 MPa）

部向上游发展,最终到达头部。该过程中火核热量损失严重,火核强度迅速降低,随时可能熄灭。MCPI 在四个不同点火位置都显示出很大的优越性,但这种强化效果主要体现在火核大小和强度方面,并不改变火核传播路径。

　　针对上述四种火核传播发展途径,结合流场和喷雾场分布进行分析,以空气流量 200 SLM,供油压力 0.2 MPa 的工况为例,其流场、喷雾场以及火核发展路径见图 3.21。火核在点火位置 a 处发生分裂,是受到了高速旋转射流的影响,火核被撕裂沿着两个方向传播。高速气流带走大量热量,造成火核热量损失,同时,高强度的

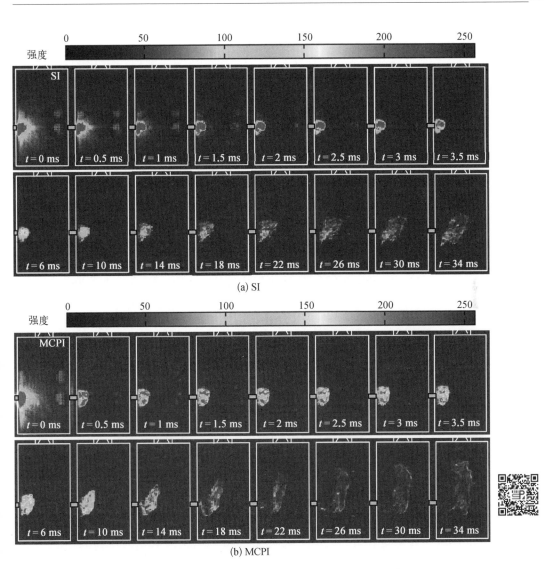

图 3.20　位置 d 点火过程（AFR = 200 SLM，P_{inj} = 0.2 MPa）

湍流脉动容易造成火核拉伸淬熄,这也解释了点火位置 a 距离头部更近,点火性能却低于位置 b 的原因。位置 b 靠近低速回流区,气流速度接近零,同时大量粒径较小的燃油喷雾聚集在回流区,有利于火焰发展,位置 b 处形成火核后直接进入回流区,沿着燃油浓度较高区域快速发展。对于位置 c,火核形成后受到顺流区气流作用,先向下游传播,进入中心回流区后再向上游传播。这个过程中,火核运动路径较长,发展中面临的热量损失更大,受到局部气流影响发生淬熄的概率更高,导致位置 c 点火性能降低。点火位置 d 同时面临传播路径长和喷雾浓度不足两方面问题,该位置接近燃烧室出口,火核容易被近壁面气流吹走,造成点火失败。同时,喷雾与气流作用形成大量细小液滴主要集中在燃烧室上部,点火位置 d 附近的喷雾浓较低,部分区域甚至观测不到喷雾液滴存在,火核无法维持。MCPI 点火的优势在于能够产生更大、更强的初始火核,穿透深度更大,能够有效弥补火核传播过程中的热量损失,降低淬熄概率。但是,位置 d 喷雾浓度较低,限制点火性能的主要因素是局部当量比,此时 MCPI 的优势并不显著。

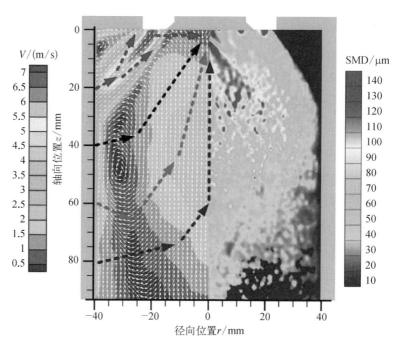

图 3.21　不同点火位置火核发展传播路径示意图
($AFR = 200$ SLM, $P_{inj} = 0.2$ MPa)

2. 低温环境的影响

根据 Marchione 等[4]的结论,点火位置 b 对应回流区最宽的位置,是壁面点火最佳位置,这与本书结果一致。针对点火位置 b,研究了 SI 和 MCPI 在常温条件 ($T_{air} = 20$℃, $T_{fuel} = 20$℃) 和低温条件($T_{air} = -30$℃, $T_{fuel} = -30$℃) 下的点火特性,如图 3.22 所示。低温导致贫油点火极限当量比升高,流量 300 SLM 时,SI 贫油点火极限当量比由常温状态的 0.76 增大到低温状态的 0.98。MCPI 能够有效拓宽常温和低温条件下贫油点火极限。低温空气来流 200 SLM 时,MCPI 点火极限当量比 1.23,SI 点火极限当量比 1.36,拓宽 9%。这是因为低温引起雾化质量恶化,形成较大喷雾液滴,燃油蒸发所消耗的能量和需要的时间增加。低温和高速来流会加速火核传播过程中的能量损耗,局部流场变量引起的强脉动会诱导火焰面褶皱、断裂、脱落,引起火焰传播不稳定甚至终止,造成火核淬熄概率增加。MCPI 能够提高放电能量,形成大尺寸、高强度初始火核,有效应对了低温和高速造成的最小点火能上升和能量损耗加剧问题。

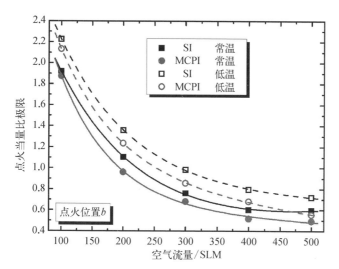

图 3.22　点火位置 b 常温($T_{air} = 20℃$, $T_{fuel} = 20℃$)和低温($T_{air} = -30℃$, $T_{fuel} = -30℃$)条件下 SI 与 MCPI 点火边界对比

图 3.23 显示了低温条件($T_{air} = -30℃$, $T_{fuel} = -30℃$)SI 和 MCPI 的火核发展过程。对比图 3.18 和图 3.23 发现,低温条件下火核热量损失严重,SI 形成的火核在 $10 \sim 30$ ms 几乎无法观测到。MCPI 形成的初始火核强度更大,弥补了热量损失造成的影响,传播过程中火核清晰可见。

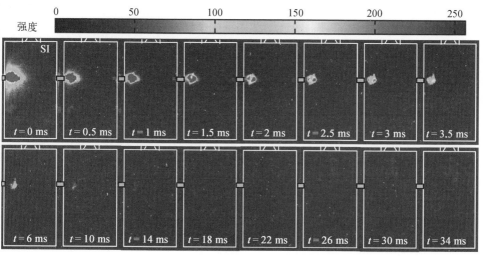

(a) SI

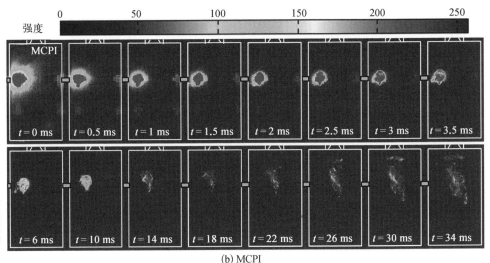

(b) MCPI

图 3.23 低温($T_{\text{air}} = -30℃, T_{\text{fuel}} = -30℃$)条件下点火位置 b 处 火核发展过程($\text{AFR} = 200\ \text{SLM}, P_{\text{inj}} = 0.2\ \text{MPa}$)

喷雾燃烧中,燃油对点火性能的影响重要体现在点火器头部附近区域和主燃区的煤油蒸气浓度,只有已经蒸发的燃料可以参与点火过程。因此,蒸发速率起到关键作用。Mellor 的燃油蒸发时间 t_e 表达式为

$$t_e = \frac{D_{32}^2 \rho_F c_P}{8\phi k_g \ln(1+B)(0.185Re^{0.6})} \tag{3.1}$$

式中,c_P 是比定压热容;Re 为当地雷诺数;k_g 为导热系数[5]。

低温环境引起传质系数 B 减小,燃油密度增 ρ_F 增加,燃油粒径 D_{32} 增大,表面积缩小,阻碍蒸发,初始火核需要有更多能量用于燃料蒸发。

根据 Williams 第二准则,喷雾燃烧的 MIE 是将最小尺度等于淬熄距离的体积内油气混合物加热到绝热火焰温度所需能量[6]。

$$\text{MIE} = c_P \rho_0 \Delta T_{ad}(\pi/6) d_q^3 \tag{3.2}$$

其中,T_{ad} 是绝热火焰温度;d_q 是火核淬熄距离。

对于燃烧室中的多分散性喷雾,d_q 通常表示为

$$d_q = \left[\frac{C_3^3 \rho_F D_{32}^2}{C_2 \rho_A \phi \ln(1+B_{st})}\right]^{0.5} \tag{3.3}$$

其中,C_2 和 C_3 为液滴尺寸分布参数,对于压力雾化喷嘴而言,C_2 和 C_3 的值通常取 0.41 和 0.56[7]。

式(3.3)表明淬熄距离 d_q 与液滴尺寸 D_{32} 成正比。低温条件下,燃油粒径增大,点火所需要的能量增加。MCPI 点火器能够释放更多的能量,在微秒尺度上产生了高能量、强穿透的等离子体团;毫秒尺度上等离子体团形成高能量、大体积初始火核,火核周围的预热蒸发区显著增大、油气掺混明显增强,火核释热量更大,进而更快地形成稳定火焰。

3. 冷却气流的影响

多通道放电等离子体点火器在无冷却气流和 50 SLM 冷却气流下的点火过程如图 3.24 所示。无冷却气流时,火核穿过壁面顺流区来到回流区并向上游发展,在 30 ms 左右点燃头部,40 ms 时火焰占据了半个燃烧室,整个过程火核保持较高的强度。50 SLM 冷却气流改变了流场和喷雾场分布,推动火核以更快的速度向中心区传播,但火核发展至燃烧室中轴线后并未向头部传播,而是继续在冷却气流的推动下越过中轴线继续发展,在 30 ms 左右从另一侧点燃燃烧室头部。虽然这一时间与无冷却气流工况基本相同,但冷却气流使得传播过程中火核的热损失加剧,强度迅速下降,明显小于无冷却气流工况。

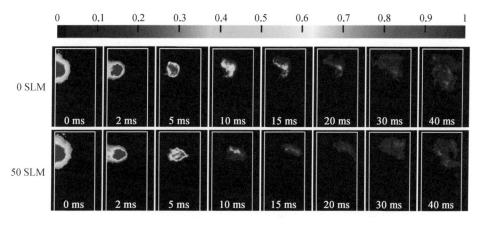

图 3.24 不同冷却气流流量下多通道等离子体点火器的点火过程

冷却气流主要通过两种作用方式对点火过程产生影响:一是冷却气流提高了火核附近的局部气流速度,加快火核运动速度的同时也造成了传播过程中的热损失加剧;二是冷却气流改变了燃烧室流场分布,缩短了回流区,进而改变了火核传播路径。第二种作用产生的影响因为冷却气流对火核的推动作用而降低,最终火焰传播至头部的时间相差不大。但冷却气流带来的热损失加剧问题是不可逆的,且局部流场的高强度脉动会诱导火焰面出现褶皱、断裂和脱落,造成火焰传播不稳定甚至终止。即使火核能顺利到达头部,火核强度也比无冷却气流时小得多,尤其是对体积和强度较小的初始火核作用更为明显,进而影响了火核向燃烧室下游传播并形成稳定火焰的进程,造成点火性能下降。

3.3 部件燃烧室多通道放电等离子体点火实验

基础燃烧室与实际燃烧室环境中复杂的流场、浓度场和时变多相湍流火焰之间尚有一定的差距。多通道放电等离子体点火技术要走向应用,必须在模拟高空环境下进行部件燃烧室点熄火特性研究。

3.3.1 高空环境模拟试验系统

燃烧室高空环境模拟试验系统原理图如图 3.25 所示,低温环境模拟由冷气发生机实现,低压环境模拟通过螺杆真空泵实现,能够模拟航空发动机从地面到高空 10 km 所面临的环境条件。采用双头部旋流燃烧室,点火器位于两头部之间,能够产生接近真实条件的点火环境。

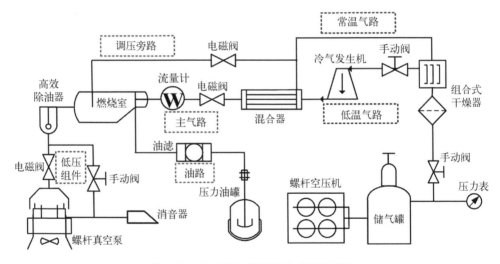

图 3.25　高空环境模拟试验系统原理图

实验测试系统示意图见图 3.26,时序控制由信号发生器实现,点火装置接收到触发信号后输出高能电压进行点火,同时,信号发生器触发高速相机开始记录。燃烧室燃烧状态下的 CH^* 自发光信号由图像增强器和 CCD 相机捕捉,图像增强器门宽设置 300 μs,增益 55,频率 10 Hz,镜头前装有 CH^* 带通滤波片(427~439 nm)。对 100 帧信号进行平均处理,获得该状态下的平均 CH^* 自发光信号。

判定点火边界时,每次点火实验的时间设置为 10 s,燃烧室内形成火焰且关闭点火装置后能够维持燃烧,则认为点火成功。相同油气比条件下进行 5 次点火尝试,5 次全部无法点火则认为该油气比下无法点火,得到该进口条件下能够点火的最小油气比。改变燃烧室进口条件,并重复上述过程,得到不同温度、压力和模拟

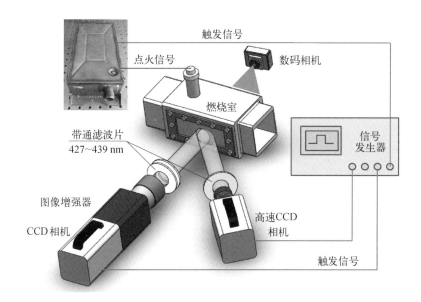

图 3.26　高空点火实验测试设备

高度条件下的点火边界。

3.3.2　不同高度下的点火特性

调节高空环境模拟试验系统的低温部件和低压部件,分别模拟地面状态以及海拔 2 km、4 km、6 km、8 km 和 10 km 的高空环境,获得不同高度条件下 SI 与 MCPI 的点火边界,如图 3.27 所示。随着模拟高度的增加,点火时面临的温度和压力条件逐渐恶化,贫油点火极限油气比不断增大。对于 SI 点火,地面状态的贫油点火极限为 0.028,10 km 模拟条件下的点火极限为 0.133,油气比增大 375%。低温、低压对点火边界影响非常显著,贫油点火极限油气比在 4 km 以上急剧增大,8 km 时点火极限油气比进入富油状态。地面状态,MCPI 的贫油点火极限为 0.017,SI 的贫油点火极限为 0.028,拓宽 39%。模拟高度增大后,温度和压力条件恶化,MCPI 拓宽效果减弱。6 km 高度时,MCPI 拓宽点火边界 21%,到 10 km 高度时,MCPI 的贫油点火极限为 0.127,SI 的贫油点火极限为 0.133,MCPI 仅拓宽 5%。10 km 时燃烧室进口换算流量仅为 29.26 g/s,点火边界对应的燃油流量很小,供油压力极低。造成点火困难的主要原因是雾化锥角过窄,雾化不足,电火花难以与油气混合物接触,导致 MCPI 作用受限,需要从雾化源头进行改进。

Lefebvre 分析了大量的燃气涡轮发动机的燃烧室点火试验数据,总结出了贫油点火油气比(q_{LLO})的经验公式:

$$q_{LLO} = \frac{A}{V_{pz}} \cdot \frac{\dot{m}_A}{P_3^{1.5} \exp(T_3/300)} \cdot \frac{D_r^2}{\lambda_r H_r} \tag{3.4}$$

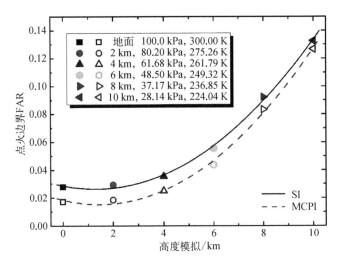

图 3.27　不同高度模拟条件下 SI 与 MCPI 点火边界对比

式中,A 代表燃烧室几何特征的常数;V_{pz} 代表主燃区体积;$\dot{m}_A$、T_3 和 P_3 分别为进口的质量流量、温度和压力参数;H_r 为航空煤油的低热值;D_r 为煤油喷雾的平均液滴直径;r 为航空煤油的有效蒸发常数[8]。

式(3.4)右边第一项代表燃烧区体积,主要由燃烧室构型决定。第二项代表燃烧室的进口参数,进口温度和压力的降低都会导致贫油点火油气比的上升,这种上升的趋势呈指数增加,温度和压力条件越低,贫油点火油气比上升越快。第三项代表航空煤油的特性,包括平均液滴直径、有效蒸发常数和燃料热值。高空低温、低压下煤油黏性增加,喷雾恶化,液滴直径变大,有效蒸发常数和热值都下降,导致贫油点火油气比增大。

燃油流量 3.0 g/s(油气比 0.03),地面状态的点火过程的 CH^* 自发光信号如图 3.28 所示。图中可见,SI 放电后在点火器头部形成初始火核,火核先向下方传播,到达燃烧室中部,随后火焰朝喷嘴方向发展,最后传播到整个燃烧室。根据 Lefebvre 的燃烧室点火三阶段理论,第一个阶段是点火器产生高温电火花,点燃点火器头部区域的油气混合物,形成高温火核并能够向外传播;第二个阶段是高温火核传播扩散至整个主燃区;第三个阶段则是对于全环燃烧室而言,火焰从稳定燃烧的头部区域传播到全环其余未点燃的头部。对于双头部旋流燃烧室,只涉及第一阶段和第二阶段。

对于阶段一,放电初始时刻产生的高温火核的热释放速率低于通过辐射和湍流耗散向周围环境损失热量的速率,火核向外扩展过程中的强度不断削弱。CH^* 发光图能够反应火焰区和释热区的范围和强度,SI 点火初始阶段的 CH^* 自发光强度不断衰减,在 4~20 ms 几乎不可见,24 ms 之后才开始增强。火核的热损速率主

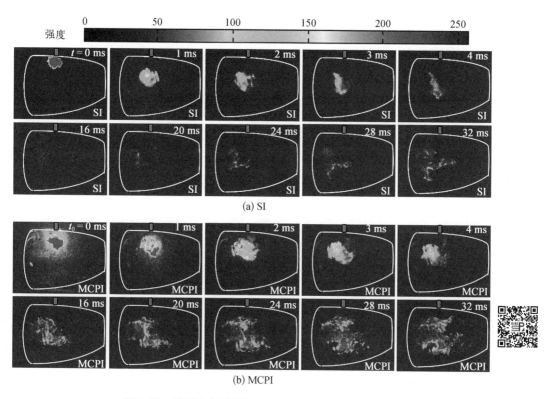

图 3.28 地面点火过程 ($m_f = 3.0 \text{ g/s}$, FAR = 0.03)

要由局部气流速度和湍流状况决定,对于确定的燃烧室工作条件下,高温火核能否维持,取决于火核的尺寸和温度以及点火电嘴附近的有效油气比。MCPI 放电能量高,形成高温火花体积大,持续时间长,非常有利于火核的维持和发展。MCPI 点火的火核 CH* 自发光强度明显比 SI 的更大,在初始时刻就形成一个更大的火核,火焰在传播过程中始终能够维持相当的强度,32 ms 时火焰已经传播扩散到整个燃烧室。MCPI 产生的高能量、大火核对阶段二来说也很重要,能够形成一个足够强的高温火核进入主燃回流区,避免火核被吹向下游。

图 3.29 为高空 6 km 模拟条件下的点火过程,供油保持 3 g/s 不变。与地面点火过程对比可以发现,SI 在高空条件下点火形成的火焰核心非常微弱,从 4 ms 到 32 ms 期间几乎熄灭,火焰传播速度远比地面状态要慢。高空条件下,MCPI 能够增强点火过程,形成更大的初始火核。MCPI 的火核在传播过程中同样被削弱,32 ms 时火焰仅仅维持在喷嘴附近区域,说明高空低温、低压环境造成点火困难的主要原因是低温、低压作用于点火的第二阶段,阻碍了火核的成长和传播。下面分别从低温影响和低压影响两个方面,对高空极端条件点熄火特性进行研究。

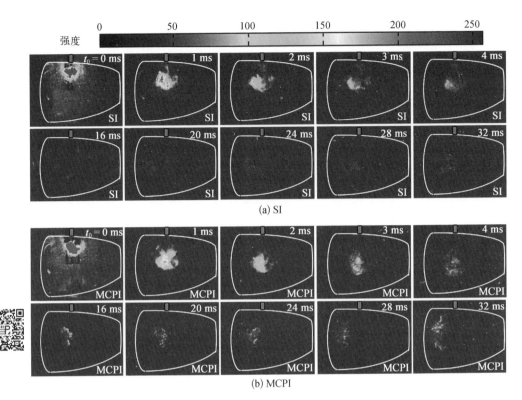

图 3.29　高空 6 km 时的点火过程（$m_f=3.0$ g/s，FAR$=0.059$）

　　关闭高空环境模拟试验系统的低压部件，低温部件正常运行，在进气流量 100 g/s 不变的前提下，通过匹配常温空气和低温空气的掺混比，在燃烧室进口温度 300 K（室温）、273.15 K（0℃）、258.15 K（−15℃）、243.15 K（−30℃）和 228.15 K（−45℃）条件下进行实验。低温条件下，SI 与 MCPI 点火边界对比如图 3.30 所示。随着温度的降低，贫油点火极限油气比逐渐上升，这种上升的趋势在进口气流温度低于 258.15 K 时加速。进口气流温度 228.15 K 时，SI 的贫油点火极限达到 0.037，比常温状态增大了两倍。相同温度条件下，MCPI 能够显著拓宽点火极限，尤其是在进口气流温度 273.15 K 时，MCPI 能够成功点火的最小油气比为 0.008，比 SI 的点火极限油气比（0.014）拓宽了 40%。这种拓宽效果随着温度进一步下降开始变得微弱，进口温度 258.15 K 时，拓宽点火边界 25%；进口温度 228.15 K 时，MCPI 能够点火的最小油气比为 0.035，这与 SI 的点火极限 0.037 非常接近。

　　空气来流 100 g/s，燃油流量 3.0 g/s，油气比 0.03 不变的条件下，获得了进口温度 273.15 K（0℃）和 243.15 K（−30℃）条件下 SI 和 MCPI 点火过程的 CH* 自发光信号如图 3.31 和图 3.32 所示。对比发现，在不同进口温度条件下，t_0 时刻 SI 放电产生的初始火核大小几乎是相同的，这个火核的尺寸和强度主要由点火器放

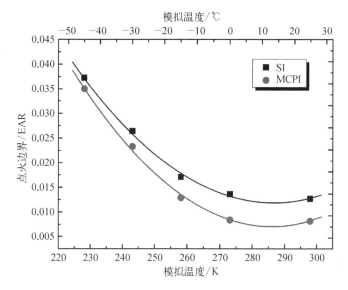

图 3.30　不同低温模拟条件下 SI 与 MCPI 点火边界对比

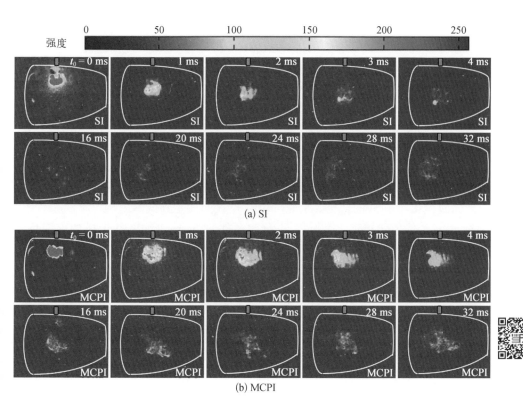

图 3.31　空气来流 100 g/s、进口温度 273.15 K 时的点火过程

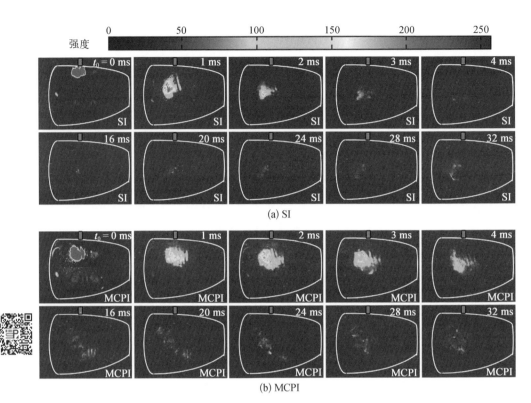

图 3.32 空气来流 100 g/s、进口温度 243.15 K 时的点火过程

电特性决定。进口温度为 243.15 K 时,低温气流加剧了火核的耗散,SI 点火在 4~28 ms 的火焰强度非常微弱几乎熄灭。与 SI 相比,MCPI 能够产生高强度的初始火核,提供更多的能量用于煤油液滴的蒸发和油气混合物的加热,补偿低温造成的不利影响。进口温度 243.15 K 时,MCPI 产生的火核在 4 ms 时刻清晰可见,32 ms 时的火焰面积几乎是 SI 的两倍。但是,MCPI 点火同样受到低温影响。常温条件下,20 ms 时火焰能够传播到整个燃烧室;低温条件下,32 ms 时 MCPI 形成的火焰只维持在喷嘴头部区域。当温度进一步降低时,MCPI 强化点火的效果减弱。

  关闭高空环境模拟试验系统的低温部件。开启螺杆真空泵,通过匹配进气阀门、排气阀门和压力调节阀门开度,进气流量 50 g/s 不变,在 100 kPa(常压)、85 kPa、70 kPa、55 kPa 和 40 kPa 的压力下进行点火特性研究。不同压力条件下的 SI 与 MCPI 点火边界对比如图 3.33 所示,随着燃烧室内压力降低,贫油点火极限油气比不断增加。SI 在常压下贫油点火极限为 0.038,压力 40 kPa 时点火极限为 0.073,增大了 92%。压力进一步降低,贫油点火极限油气比增大的趋势加快。SI 的点火极限油气比从 100 kPa 的 0.038 到 85 kPa 的 0.041 只增大了 7.9%,而从 55 kPa 的 0.056 到 40 kPa 的 0.073 增大了 30%。

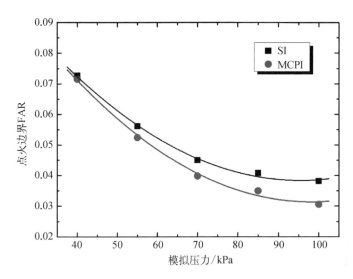

图 3.33　不同低压模拟条件下 SI 与 MCPI 点火边界对比

　　低压造成点火困难主要有两个原因：一是低压条件下空气来流密度降低，动量减少，导致燃油雾化质量下降；二是低压条件下能够点燃油气混合物的临界火核半径变大，需要形成更大的初始火核。低压下放电能量下降，注入火核中的有效能量变少。对于非均质的喷雾空气两相混合物的点火，压力对 MIE 的影响取决于燃料蒸发速率对点火的影响程度。在常温条件下，贫油点火极限对应的有效油气比低，点火过程主要受到化学反应速率影响，此时 MIE 与压力的平方成反比。相比之下，MCPI 能够产生更大的初始火核，满足不断提高的临界火核需求，同时，MCPI 放电输出效率更高，能够弥补低压造成放电能量下降的不利影响。相同压力条件下，MCPI 的贫油点火极限比 SI 更宽，常压下拓宽 26.7%。随着压力不断降低，MCPI 的拓宽效果被削弱。压力 55 kPa 时，MCPI 的贫油点火极限油气比为 0.052，SI 的贫油点火极限油气比为 0.056，拓宽 7%。压力 40 kPa 时，MCPI 的贫油点火极限油气比与 SI 几乎相同。

　　燃烧室进口空气流量为 50 g/s，燃油流量为 3.4 g/s，油气比为 0.068 保持不变，对比分析不同压力环境下点火的 CH^* 自发光信号的发展过程。图 3.34、图 3.35 和图 3.36 分别为燃烧室内压力在 100 kPa、70 kPa 和 55 kPa 下的点火过程。随着环境压力的降低，SI 放电形成的初始火核的体积逐渐变小，火焰强度降低，火焰发展减缓。MCPI 能够释放更多能量，产生的火核远比同时刻 SI 的火核大，能够弥补火焰传播过程中的热量损失。MCPI 点火能够在更短的时间内传播引燃整个燃烧室，低压 55 kPa，28 ms 左右火焰传播到整个燃烧室，相同时刻，SI 点火形成的火核仍然维持在燃烧室头部，尚未扩散传播。

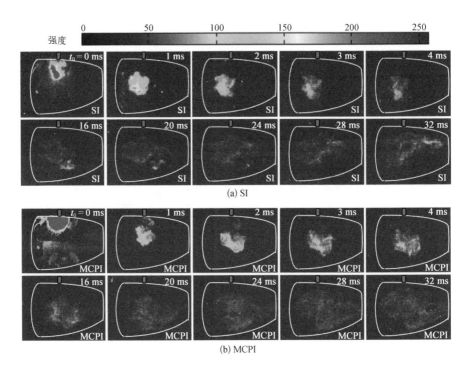

(a) SI

(b) MCPI

图 3.34　空气来流 50 g/s、模拟 100 kPa 条件下的点火过程

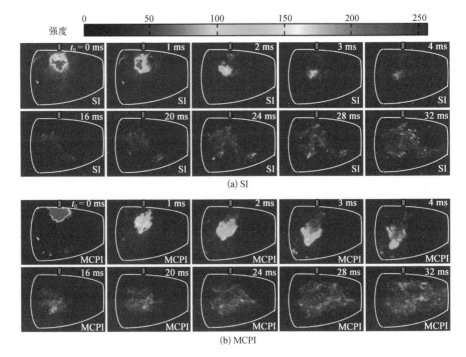

(a) SI

(b) MCPI

图 3.35　空气来流 50 g/s、模拟 70 kPa 条件下的点火过程

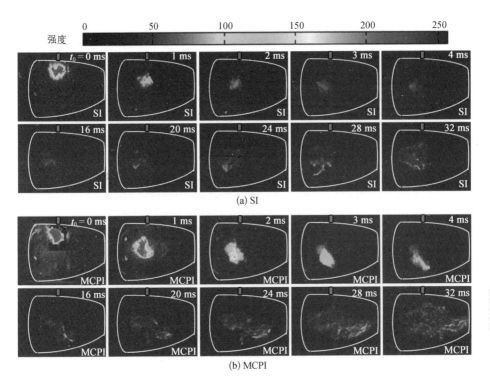

图 3.36　空气来流 50 g/s、模拟 55 kPa 条件下的点火过程

3.3.3　点火器冷却气流对点火边界的影响

图 3.37 和图 3.38 分别显示了常温常压下进口流量 80 g/s 和 120 g/s,SI 和 MCPI 在有无冷却气流条件下的点火过程。MCPI 形成的初始火核在尺寸和强度上都比 SI 更大,能促进燃油液滴蒸发和燃烧化学反应的进行,能更快点燃头部并形成稳定火焰。冷却气流对各个工况下的点火过程均会产生一定程度的影响,其加剧了火核传播过程中的能量耗散,致使火核强度都出现明显下降。进口流量为 80 g/s 时流速较低,对火核造成的热损失较小,燃油液滴在燃烧室的驻留时间较长。在火核发展的初始阶段 0~7 ms 时,强度甚至比进口流量为 120 g/s 时更大。但火核进入回流区并点燃燃烧室头部后,120 g/s 进口流量下的火焰发展速度更快,在 32 ms 时传播至整个燃烧室。

地面 0 km 条件下,SI 和 MCPI 在有无冷却气流条件下点火过程如图 3.39 所示。MCPI 的火核 CH* 自发光强度始终大于 SI,在初始时刻就产生了一个更大的火核,在传播过程中保持较高的强度,在 7 ms 时就已点燃燃烧室头部。而 SI 的初始火核较小,传播速度较慢,至 12 ms 时才传播至头部。冷却气流增大了火核传播初始阶段的局部气流速度,导致火核强度下降,传播速度变缓。SI 受冷却气流影响极为明显,在 1~4 ms 时火核强度不断衰减,生长停滞,直至 12 ms 传播至头部时才开始继续发展。

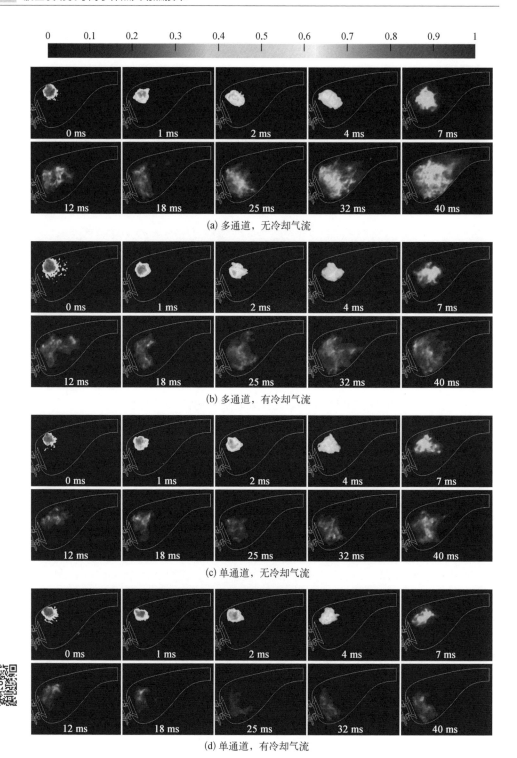

(a) 多通道，无冷却气流

(b) 多通道，有冷却气流

(c) 单通道，无冷却气流

(d) 单通道，有冷却气流

图 3.37　进口流量 80 g/s 时的点火过程

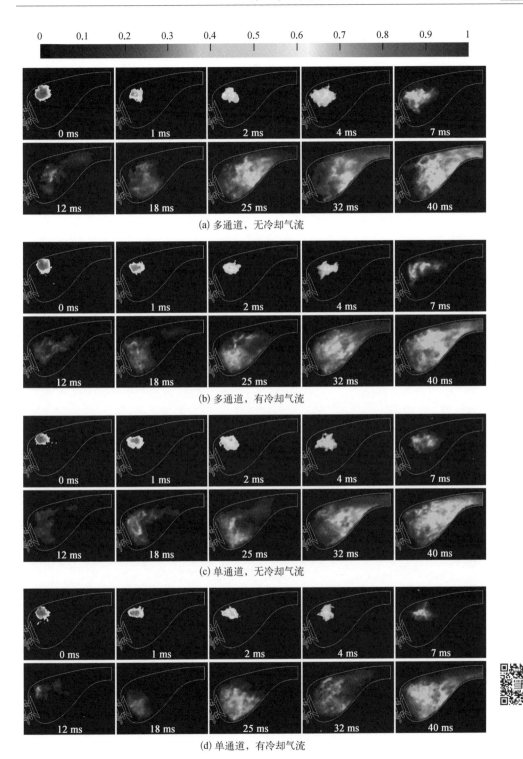

(a) 多通道，无冷却气流

(b) 多通道，有冷却气流

(c) 单通道，无冷却气流

(d) 单通道，有冷却气流

图 3.38　进口流量 120 g/s 时的点火过程

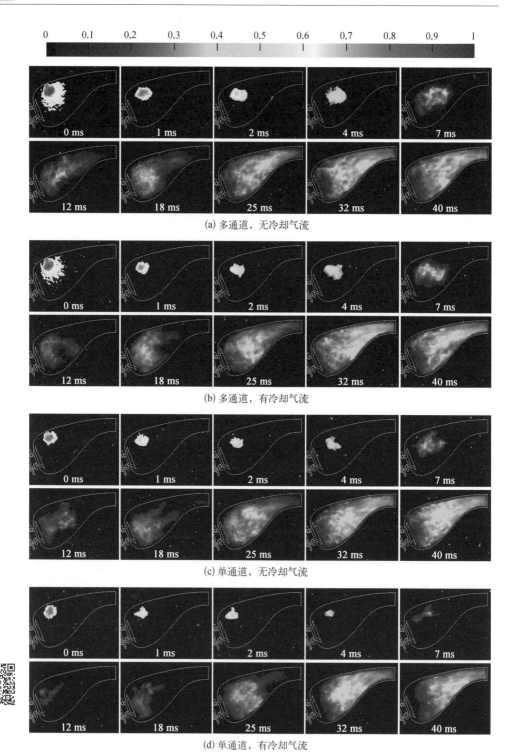

(a) 多通道，无冷却气流

(b) 多通道，有冷却气流

(c) 单通道，无冷却气流

(d) 单通道，有冷却气流

图 3.39　0 km 地面起动时的点火过程

高空 6 km 工况,有无冷却气流条件下的点火过程如图 3.40 所示。MCPI 产生的初始火核较大,能有效地弥补低温、低压环境下的较大能量损失,在 1~7 ms 火核只出现生长停滞现象。而 SI 的初始火核强度低,受燃烧室环境影响,火核强度迅速下降,在 1~7 ms 火核发生破碎、衰减。冷却气流对火核发展过程仍有不小影响,主要作用于点火过程的初始阶段。在冷却气流的作用下,SI 的火核很难承受额外的热耗散,在 4 ms 时几乎熄灭。

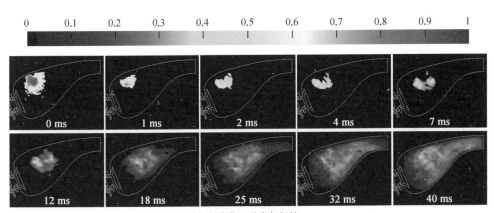

(a) 多通道,无冷却气流

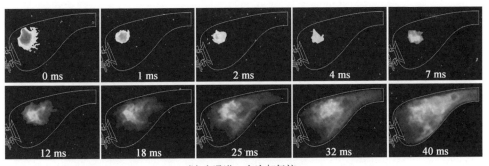

(b) 多通道,有冷却气流

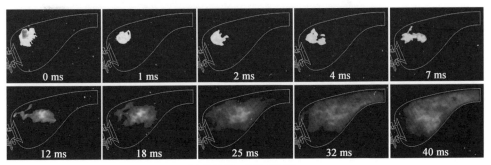

(c) 单通道,无冷却气流

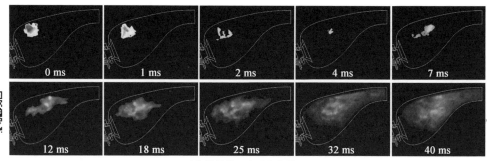

(d) 单通道，有冷却气流

图 3.40　6 km 高空再起动时的点火过程

　　高空 10 km 工况，有无冷却气流条件下的点火过程如图 3.41 所示。在该工况下，点火器形成的初始火核受压力降低的影响强度进一步变弱。在火核发展过程中，较低的流量、温度和压力使得燃油雾化质量很差，且给火核带来了极大的热损失，在 2~7 ms 均出现了褶皱、破碎现象，强度也迅速下降。在形成全燃烧室火焰时，火焰强度也比高空 6 km 工况更弱。SI 的初始火核较小，大量的热损失使得在

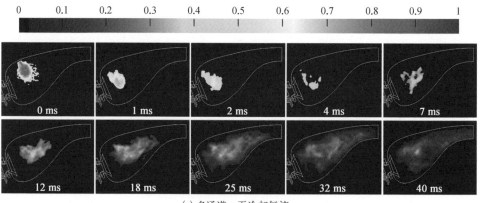

(a) 多通道，无冷却气流

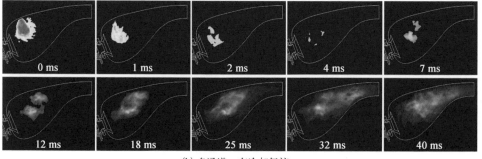

(b) 多通道，有冷却气流

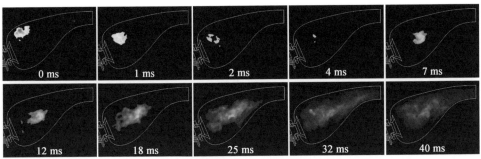

(c) 单通道,无冷却气流

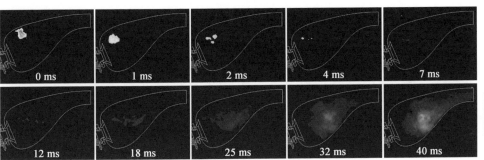

(d) 单通道,有冷却气流

图 3.41　10 km 高空再起动时的点火过程

2~7 ms 火核只剩几个亮点,处在熄灭的边缘。MCPI 的火核强度略优于 SI,虽然在传播过程中也发生了破碎,但仍能保持较高的强度发展至头部。冷却气流的存在使得点火过程变得愈发困难。火核在局部快速的气流作用下迅速破碎衰减,甚至 SI 在 7 ms 时捕捉不到火核存在。

参考文献

[1] 马柳昊.带开缝旋流器燃烧室流场结构和火焰稳定的数值模拟研究[D].武汉:华中科技大学,2015.

[2] Lefebvre A H, McDonell V G. Atomization and sprays[M]. Boca Raton:CRC press, 2017.

[3] 许世海,熊云,刘晓.液体燃料的性质及应用[M].北京:中国石化出版社,2010.

[4] Marchione T, Ahmed S F, Mastorakos E. Ignition of turbulent swirling n-heptane spray flames using single and multiple sparks[J]. Combustion and Flame, 2009, 156(1):166 - 180.

[5] Mellor A M. Design of modern turbine combustors[M]. Cambridge Massachusetts:Academic Press, 1990.

[6] Williams F A. Combustion theory[M]. Boca Raton:CRC Press, 2018.

[7] Ballal D R, Lefebvre A H. Flame propagation in heterogeneous mixtures of fuel droplets, fuel vapor and air[J]. Symposium (International) on Combustion, 1981, 18(1):321 - 328.

[8] Lefebvre A H. Gas turbine combustion[M]. Boca Raton:CRC Press, 1998.

第4章
旋流燃烧室滑动弧等离子体射流点火研究

与常规半导体点火器相比,多通道放电等离子体点火器的放电效率更高、放电能量和火核体积更大,进而显著拓宽点火边界。但是多通道等离子体点火器的火核持续时间、穿透深度和化学活性仍然有待提升,特别是在极端低温低压工作条件下,多通道等离子体点火器的火核仍然难以大面积接触到油气混合物。为此,发展了滑动弧等离子体射流点火方法,通过二股气流产生滑动弧等离子体射流,增大穿透深度、接触面积与化学活性,进而提高点火能力。

4.1 滑动弧等离子体射流点火器设计与工作特性

4.1.1 滑动弧等离子体射流点火器设计

滑动弧等离子体射流点火器的结构简图见图4.1。点火器主要由阳极、阳极座、阴极外壳、旋流器以及绝缘陶瓷组成。阳极头部直径为6 mm,长为11.4 mm,阳极座的底部直径为6 mm,与点火电缆头部充分接触。旋流器和阴极外壳采用金属3D打印技术一体加工而成。射流点火器外廓尺寸为19.5 mm,与通用发动机点火器尺寸相同。滑动弧等离子体射流点火器工作时,需要载气将电极间的电弧拉伸至点火器外以达到最佳点火效果。

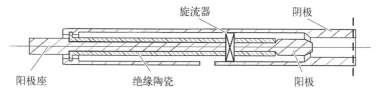

图 4.1 滑动弧等离子体射流点火器结构简图

4.1.2 放电特性

1. 典型放电波形及滑动弧等离子体射流演化过程

滑动弧等离子体射流点火器的典型放电波形如图4.2所示,同步拍摄的滑动弧射流演化过程如图 4.3 所示,滑动弧等离子体射流点火器的放电过程可以大致划分为三个阶段。

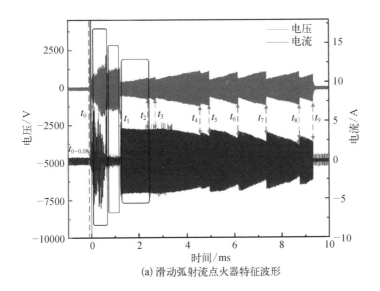

(a) 滑动弧射流点火器特征波形

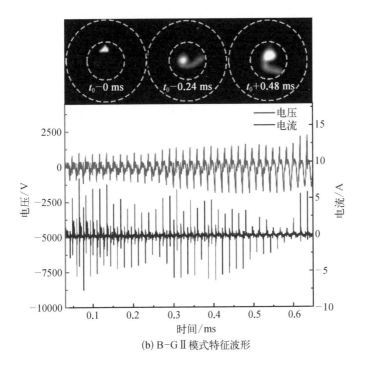

(b) B-GⅡ模式特征波形

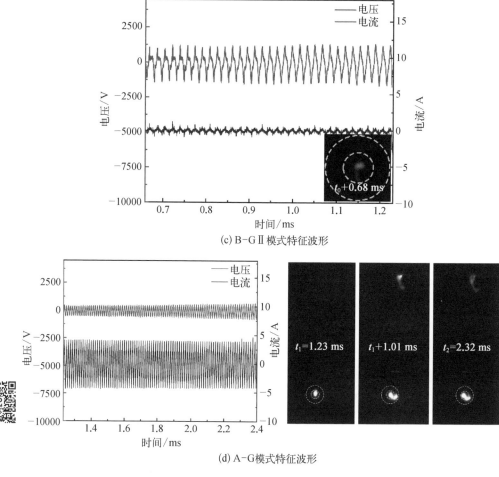

(c) B-GⅡ模式特征波形

(d) A-G模式特征波形

图 4.2　等离子体射流点火器电压电流波形

第一个阶段是击穿阶段。在点火器击穿时刻($t=0$)以前,整个点火器可以被视作一个大电容。电压波形为规则正弦波,电流基本为 0。当电极间的电势差超过了空气击穿电压,空气被击穿形成电弧,同时电流出现峰值,表明放电通路已经形成。

第二阶段为电弧发展阶段。电弧发展阶段大致可分为三种模式:击穿伴随滑动模式(breakdown gliding mode,B-G)、过渡模式(B-GⅡ)和稳定电弧滑动模式(steady arc gliding mode,A-G)。

(1)击穿伴随滑动模式。气流进入滑动弧点火器旋流孔后,此时气流既有轴向速度又有周向速度,阴极通道内的电弧会在气流的作用下被旋转拉长。$t_0 \sim t_1$阶段滑动弧在阴极通道内发展拉伸,高速相机拍摄到此时滑动弧弧根一端在阳极头部、另一端在阴极通道壁面上。弧根在气流的作用下不断改变位置,这一现象减弱了滑动弧对同一位置的持续烧蚀。$t_0 \sim t_1$ 阶段电压电流呈现周期性变化,滑动弧进入到击穿伴随滑动模式(B-G 模式),该模式只发生在击穿位置附近。该模式下的电压电流波形如图 4.2(b)所示,电流波形中呈现出正负向交替击穿现象,击穿瞬间电流突增产生安培级脉冲尖峰[1]。B-G 模式下滑动弧熄灭的瞬间,会在尖端处形成新的击穿并伴随滑动,不断重复循环。

(2)过渡模式。滑动弧在阴极通道内持续旋转,滑动弧被吹出阴极通道前滑动弧进入过渡模式,即 B-GⅡ模式[2]。B-GⅡ模式下电压电流波形如图 4.2(c)所示。B-GⅡ模式中包含了 B-G 模式中正负向交替击穿的特点,又包含了 A-G模式下宏观滑动周期特性。B-GⅡ模式下的滑动弧电流非常小,减弱了滑动弧对阴极通道的烧蚀。B-GⅡ模式下电压波形存在急升骤降的现象,表明此时滑动弧并不稳定。随着滑动弧在阴极通道中持续拉长,波形逐渐过渡为正弦波,此时滑动弧逐渐过渡为稳定状态。

(3)稳定电弧滑动模式。经过 B-GⅡ模式后滑动弧进入稳定电弧滑动模式(A-G 模式),这一阶段的波形特征如图 4.2(d)所示。A-G 模式下电压幅值相比于 B-GⅡ模式要低很多,电流较 B-GⅡ模式时明显增大。滑动弧拉长过程中,电压持续增长,电流不断减小,滑动弧在拉长阶段阻抗逐渐增大[3]。t_2 时刻滑动弧断裂,电压下降较小;新的放电通道不是在阳极头部和阴极内芯上击穿形成的,而是在即将断裂的滑动弧中段再次建立。t_4 时刻出现滑动弧的再击穿现象,图 4.3 中 $t_4 \sim t_5$ 阶段显示出新的滑动弧放电通道在断裂的滑动弧中段再次建立,这一现象称为再击穿过程。

第三阶段为断裂阶段。当第二阶段结束,滑动弧射流高度已经达到最大,电压幅值也到达峰值时,电弧开始断裂。断裂的原因主要有两点:电源功率和电弧刚度。利用电压电流积分的结果可以得出滑动弧电源的瞬时功率。当电弧所需的瞬时功率高于滑动弧电源的额定功率时,放电通道难以维持,于是电弧断裂。在电源功率足够的情况下,电弧发生断裂主要是由于电弧刚度不足。电弧阴极击穿点在升至点火器出口端面时,电弧的旋转频率迅速降低。但是载气旋流数在点火器出口依然与旋流腔内部基本保持一致。因此电弧在载气的旋流作用下,在空间中不断扭曲变形,直至电弧断裂。电弧在断裂并且重新击穿后,电流峰值并没有降为 0 后重新出现击穿电流。这是因为滑动弧等离子体射流点火器存在再次击穿过程。

电弧再击穿演化过程如图 4.4 所示。电弧在初始时刻难以维持放电通道,准备断裂。58.5 μs 后,电弧在维持原本放电通道逐渐减弱的情况下,在附近的一个击穿点重新建立放电过程。大约 0.1 ms 后,整个击穿过程完成。在放电再击穿过程中,电极间隙的空气始终处于有等离子体维持电弧,因此不存在电弧电流突降为 0 的时刻。

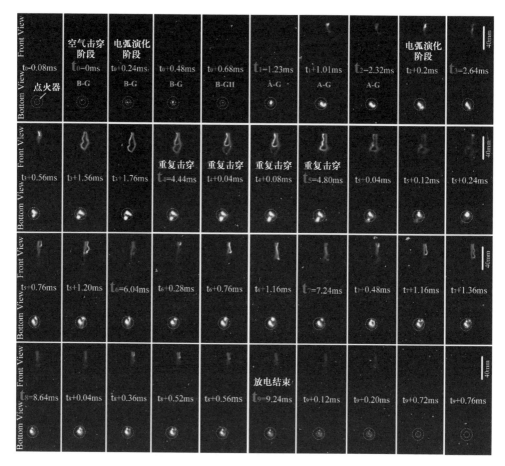

图 4.3　高速相机拍摄的滑动弧射流演化过程

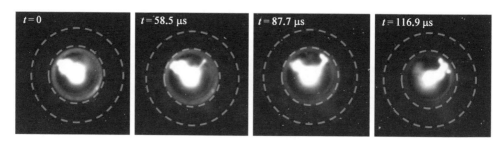

图 4.4　电弧再击穿演化过程

图 4.5 展示了毫秒时间尺度上,滑动弧等离子体射流点火器正面的电弧发展过程。在 t_0 时刻,电弧在电极间随机击穿后,旋转的气流迫使电弧稳定向上发展,同时阴极的击穿点也在随着气流而旋转。在 $t = 1.32$ ms 时,阴极击穿点到达点火

器出口端面,于是电弧旋转频率骤然降低甚至停止旋转。此时只有点火器出口的旋流对电弧具有拉伸,扭转变形的作用。

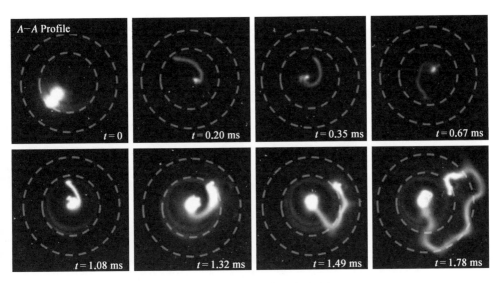

图 4.5　点火器正面电弧发展过程

2. 电弧穿透深度

与传统的半导体点火器相比,滑动弧等离子体射流点火器具有更深的火核穿透深度,等离子体射流更容易接触到合适当量比的油气混合物,形成初始火核。图 4.6 显示了电弧高度与载气流量的关系。当载气流量小于 15 SLM 时,电弧高度逐渐上升至 14.5 mm。之后随着载气流量的增大,电弧高度不断下降,并在宏观下呈现扁平化趋势。当载气流量较小时,电极间隙使得气流加速,随着流量增加,电极间气流速度也不断增加,驱动电弧旋转发展的气动力逐渐增强,电弧的最大穿透深度也因此上升。当气流大于 15 SLM 时,滑动弧等离子体射流的穿透深度逐渐降低。

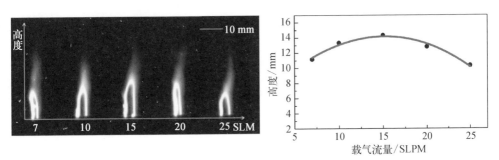

图 4.6　射流高度与载气流量曲线

　　图 4.7 显示了放电周期和载气流量之间的关系。随着载气流量的增加,滑动弧等离子体射流点火器的放电周期不断减小。载气流量的增加使得电极间隙附近的气体流速增大,旋流腔内部的旋流更加剧烈,并且轴向速度增量小于周向速度增量。增加的周向速度使得电弧受到更剧烈的扭曲变形,因此也更容易断裂。电弧断裂后,新一轮的放电周期开始,电弧将会重新击穿电极间隙并维持放电通道。但是更短的电弧维持时间意味着点火器内部的空气电导率降低,因此维持电弧的功率也不断提高。因此,虽然滑动弧等离子体射流高度降低,但是放电功率在缓慢上升。

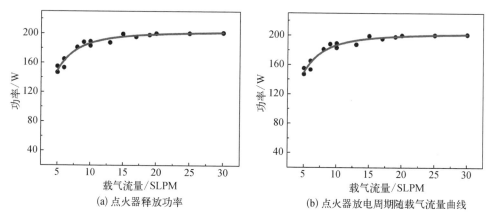

(a) 点火器释放功率　　　　　　　　(b) 点火器放电周期随载气流量曲线

图 4.7　射流点火器释放功率与放电周期变化曲线

　　电极间隙对于电弧发展和载气流量都有重要影响。通过改变阳极顶端的半径,得到三种电极间隙(0.8 mm、1 mm 和 1.2 mm)对放电功率与射流高度的影响规律,如图 4.8 所示。对于三种电极间隙的点火器,随着载气流量的增加,等离子体的加热效应显著降低,因此无论是击穿电压还是维持电压都相应升高,导致三条曲线都呈现逐渐上升的趋势。对于电极间隙更大的点火器,达到峰值功率的气体流

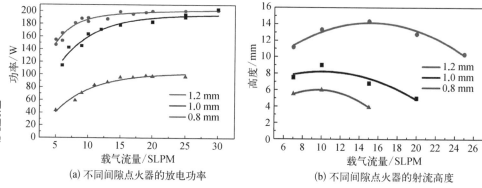

(a) 不同间隙点火器的放电功率　　　　　(b) 不同间隙点火器的射流高度

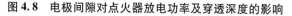

图 4.8　电极间隙对点火器放电功率及穿透深度的影响

量较小。因为较大的电极间隙使得载气经过旋流器后有充分的时间加速旋流,更加稳定的载气使得电弧更容易维持。更大的电极间隙还可以释放更多的点火器能量。对于 0.8 mm 电极间隙,载气在电极附近迅速加速,滑动弧在旋流腔内部旋转不充分,电弧的旋转频率降低,导致点火器释放功率降低。对于 1.2 mm 电极间隙,点火器旋流腔内部的电弧发展更加充分,点火器的射流高度更大。

4.1.3　等离子体射流特性

1. 环境压力的影响

对于传统的半导体点火器而言,放电过程只有不到 30 μs,因此在部件燃烧室中,不同压力、流量对放电的影响较小。滑动弧等离子体射流点火器的每个放电脉冲时长可达到 90 ms,燃烧室内部的压力、流场分布等都会对放电形态以及释放功率有较大的影响。选取点火器载气流量(igniter air flow,IAF)IAF = 5 SLM、15 SLM、25 SLM、35 SLM、45 SLM,研究滑动弧等离子体射流点火器在不同的压力以及主燃烧室来流下,点火器的放电功率与电弧发展特性。

在载气流量 IAF = 5 SLM 时,滑动弧等离子体射流点火器的放电功率随着燃烧室压力的上升而下降,如图 4.9 所示。环境压力 50 kPa,燃烧室主流流量 20 g/s、30 g/s 和 50 g/s 时的放电功率都约为 35 W。随着环境压力的升高,放电功率不断下降,在 100 kPa 时约为 15 W。环境压力 100 kPa 时的滑动弧等离子体射流演化过程如图 4.10 所示,滑动弧等离子体射流的强度较弱。燃烧室主流流量对放电功率的影响基本可以忽略不计。在较低的载气流量下,气流旋流速度较低,在相同的放电时长下,电弧的延展长度不足以发展到点火器的出口。因此电弧主要在旋流腔内部发展、拉伸和湮灭,导致了点火器功率对燃烧室主流流量不敏感。

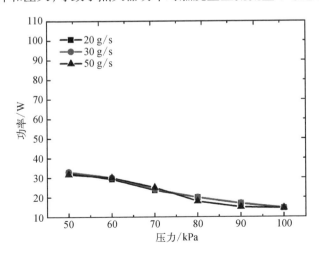

图 4.9　点火器释放功率随环境压力变化曲线(IAF = 5 SLM)

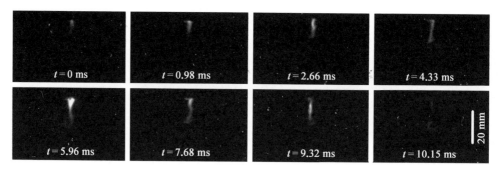

图 4.10　射流点火器放电高速摄影(IAF=5 SLM，P=100 kPa)

　　当点火器内部的载气流量到达 25 SLM 时，电弧开始有较为合适的旋转速度。随着电弧的延长，维持电弧所需功率增加，电源释放能量和点火器电弧的能量也相应增加。在 25 SLM 的载气流量下，放电功率维持在 40 W 以上。燃烧室空气流量开始对电弧功率产生一定影响。主流流量为 20 g/s 时，点火器放电功率基本维持在 65 W 左右；主流流量为 30 g/s 下的点火器放电功率约为 50 W；而在 50 g/s 来流下的点火器，放电功率最高为 50 W，并且随着气压升高呈下降趋势(图 4.11)。

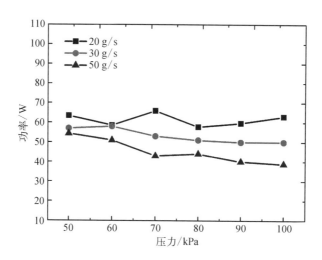

图 4.11　点火器释放功率随环境压力变化曲线(IAF=25 SLM)

　　25 SLM 的载气流量可以使滑动弧等离子体主体吹出点火器，因此燃烧室主流流量对滑动弧特性具有一定影响，如图 4.12 所示。在 20 g/s 的主流流量下，点火器出口的横向来流速度较低，因此滑动弧的刚性较强，滑动弧发展和断裂主要受到点火器电源与自身气动设计的影响。在环境压力为 50 kPa 时，点火器放电虽然出现了辉光，但是随着点火器再击穿频率的增加，点火器释放功率维持在一个较为稳定的值,如图 4.13 所示。当燃烧室主流流量较大时,点火器出口的滑动弧刚性不足,发生了多次的再击穿及电弧吹断过程。

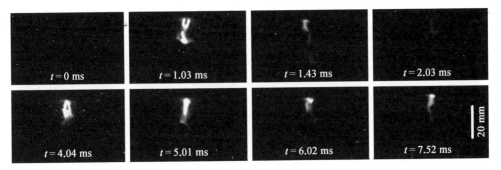

图 4.12 射流点火器放电高速摄影(IAF = 25 SLM, P = 100 kPa)

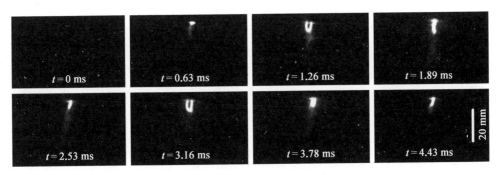

图 4.13 射流点火器放电高速摄影(IAF = 25 SLM, P = 50 kPa)

当滑动弧等离子体射流点火器的载气流量达到 45 SLM 时,相较于 5 SLM 和 25 SLM 的载气流量,滑动弧发展更加充分。即便在较低气压(50 kPa)和较大的燃烧室主流流量(50 g/s)下,点火器的释放功率依然可以达到 60 W。因此,在较大的载气流量下,滑动弧等离子体射流点火器的释放功率主要集中在电弧的维持和发展上,点火器的释放功率对于燃烧室流量的变化较为敏感,如图 4.14 所示。

当燃烧室主流流量为 20 g/s 时,随着环境气压的增加,放电功率由 60 W 不断增大至 105 W。30 g/s 的主流流量下,点火器的放电功率也随着压强上升,至 100 kPa 时,放电功率达到 83 W。50 g/s 的主流流量下,放电功率较为平稳,趋于稳定值 65 W。环境气压为 100 kPa 时的滑动弧演化过程如图 4.15 所示。滑动弧等离子体射流点火器的功率输出主要为维持电弧本身的能量。在 $t = 1.86$ ms 时,电弧在自身旋流的作用下,已经出现严重的变形和扭曲,但是并未出现在较小间隙下的再击穿过程。在 50 kPa 的放电压力下,电弧的放电形态发生显著变化。通过高速相机拍摄的电弧形态和电弧发展可以观察到,随着点火器放电的环境压强降低,

滑动弧等离子体射流点火器的放电形态会发生转化,滑动弧逐渐呈现出辉光特征,
如图4.16所示。

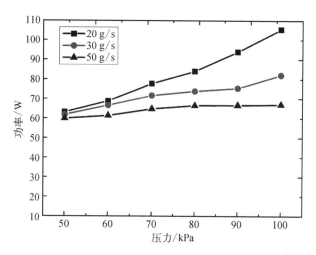

图4.14　点火器释放功率随环境压力变化曲线(IAF=45 SLM)

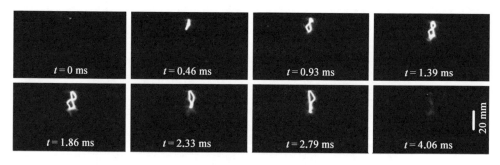

图4.15　射流点火器放电高速摄影(IAF=45 SLM, P=100 kPa)

图4.16　射流点火器在不同气压下的放电特征

在低气压放电环境下,滑动弧的放电形态趋于辉光放电。图 4.17 为等离子体射流点火器在不同压力下的放电波形。在 100 kPa 的压力下,滑动弧具有良好的延展性,45 SLM 的载气使得电弧得以充分发展,点火器的释放功率较高。同时电弧出现再击穿时,由于电弧的长度急剧降低,维持电压也出现骤降。但是在 50 kPa 的低压下,即使由相同的载气驱动,电弧的穿透深度显著降低,在电弧长度降低的同时,周期内的断裂以及再击穿次数显著增加。

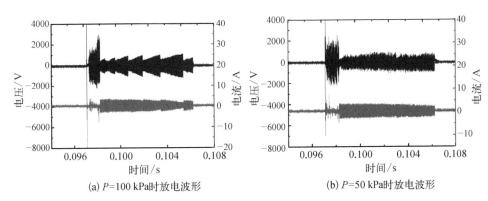

(a) P=100 kPa时放电波形　　　　(b) P=50 kPa时放电波形

图 4.17　环境压力为 100 kPa 和 50 kPa 下的射流点火器放电波形

2. 载气流量的影响

与传统的半导体点火器不同的是,滑动弧等离子体射流点火器的工作需要一股额外的载气驱动电弧延展出点火器。电弧的发展、旋流和断裂与点火器的载气以及主流空气所叠加的气动力密切相关,进而影响等离子体射流接触油气混合物。因此,需要探究滑动弧等离子体射流点火器的载气以及燃烧室主流空气流量对于滑动弧发展的影响。

当燃烧室压力为 100 kPa 时,滑动弧等离子体射流点火器的放电功率与载气流量呈正相关关系(图 4.18)。在燃烧室主流流量为 20 g/s 时,随着载气流量由 5 SLM 上升至 45 SLM,点火器释放功率由 14.5 W 增加至 106 W;主流流量为 30 g/s 与 50 g/s 时,射流点火器的放电功率由 14.5 W 分别上升至 78 W 与 67 W。

在 100 kPa 的环境压力下,当载气流量只有 5 SLM 时,滑动弧受到的气动力较低,电弧难以充分发展,滑动弧的主体在旋流腔内部演化和断裂,并且在较低的载气来流下,旋流腔内部轴向气流速度较低,电弧在相同的放电周期内达不到足够的发展行程,因此射流点火器对主燃烧室来流的变化不敏感,在 20 g/s、30 g/s 和 50 g/s 的主燃烧室来流下,点火器的释放功率稳定在 14.5 W 左右(图 4.19)。

当燃烧室主流流量为 20 g/s,点火器载气流量为 45 SLM 时,滑动弧等离子体射流点火器的放电时空演化图像如图 4.20 所示。在 45 SLM 载气的驱动下,滑动弧具有足够气动力驱动电弧的延展和旋转,滑动弧穿透深度达到 30.5 mm,达到燃

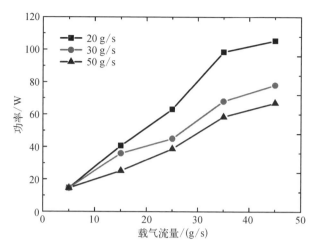

图 4.18　点火器释放功率随载气流量变化曲线($P = 100$ kPa)

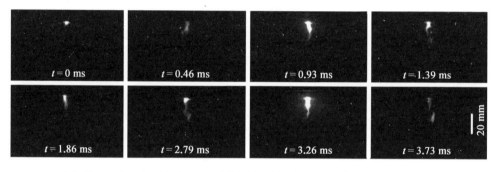

图 4.19　射流点火器放电高速摄影(载气流量为 5 SLM,主流流量为 50 g/s)

烧室主回流区。滑动弧的发展过程较快,$t = 0.88$ ms 时电弧的穿透深度就已达到 18.7 mm,穿越燃烧室的剪切层。在主流空气对电弧刚度影响较弱的情况下,滑动弧等离子体射流点火器的释放功率最大达到 106 W。

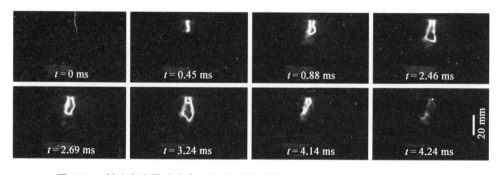

图 4.20　射流点火器放电高速摄影(载气流量为 45 SLM,主流流量为 20 g/s)

　　当燃烧室主流流量为 50 g/s, 点火器载气流量为 45 SLM 时, 滑动弧等离子体射流点火器的放电演化图像如图 4.21 所示。在较高的主流流量下, 点火器出口的横向气流速度增大, 电弧刚度减弱、穿透深度降低。$t = 2.76$ ms 时, 电弧主体的穿透深度达到最大 25.4 mm。当滑动弧发展到燃烧室主回流区时, 电弧前端被卷入回流区向燃油喷嘴方向发展, 同时点火器出口的电弧根部被主流空气吹向燃烧室出口。随着燃烧室主流流量增加, 滑动弧的再击穿位置向电弧根部转移。主流流量为 50 g/s 时, 点火器载气流量约为主流流量的 1.9%, 滑动弧在断裂之后随机出现再击穿。

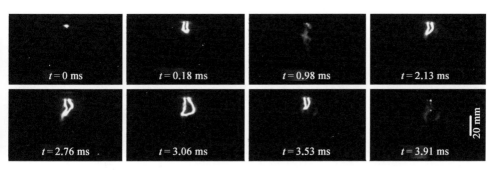

图 4.21　射流点火器放电高速摄影（载气流量为 45 SLM, 主流流量为 50 g/s）

　　当燃烧室内部压力由 100 kPa 降低至 80 kPa, 点火器放电功率整体降低。主流流量为 20 g/s 时, 放电功率随载气流量的增大而增大, 最大功率为 84 W, 相较于 100 kPa 时降低 20.8%。主流流量为 30 g/s 时, 随着载气流量增大, 点火器放电功率由 19.9 W 上升至 73.9 W, 最大功率相较于 100 kPa 降低 9.9%。主流流量为 50 g/s 时, 放电功率具有相同的趋势, 如图 4.22 所示。

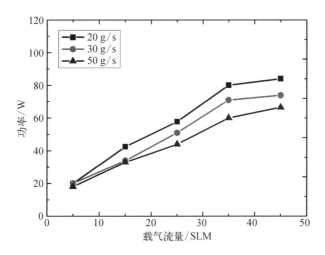

图 4.22　点火器释放功率随载气流量变化曲线（$P = 80$ kPa）

当燃烧室主流流量为 20 g/s 时,滑动弧等离子体射流具有较强的刚度,在 45 SLM 的载气流量下,滑动弧穿透深度达到 20.4 mm,如图 4.23 所示。相较于 100 kPa 时滑动弧的长度明显降低。较低的滑动弧长度导致点火器的维持电压较低,放电功率下降了 20.8%。

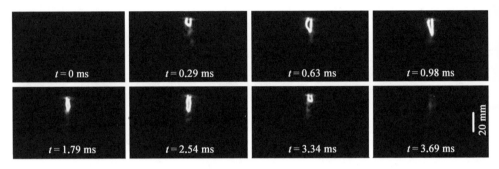

图 4.23　射流点火器放电高速摄影(载气流量为 45 SLM,主流流量为 20 g/s)

随着主流流量的升高,点火器放电功率的降低幅度逐步减小,主流流量为 20 g/s、30 g/s 和 50 g/s 时分别降低 20.8%、9.9% 与 0.5%。当电弧较长时,点火器释放的功率主要由电弧长度决定。随着主流流量的增加,射流点火器的电弧越来越难以维持,或者电弧被主流横向气动力过度扭曲变形,导致电弧穿透深度在较高流量下差别较小,点火器释放功率变化幅度减小。当主燃烧室的气流流量达到 50 g/s 时,在较低压力下,电弧的发展受到一定影响,并且滑动弧的放电周期相较于 100 kPa 时减小。由于主流流量的增加,导致电弧的刚度降低,滑动弧在整体上出现穿透深度降低,并向燃烧室出口偏转。在 50 g/s 来流下的等离子体射流点火器的穿透深度最大约为 22.1 mm,与 100 kPa 时的最大穿透深度 25.4 mm 相比,降低约 12.9%(图 4.24)。

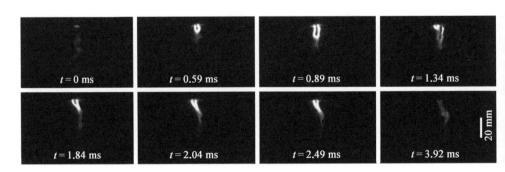

图 4.24　射流点火器放电高速摄影(载气流量为 45 SLM,主流流量为 50 g/s)

图 4.25 是等离子体射流点火器分别在 100 kPa 和 80 kPa 下,载气为 5 SLM 的电压电流特征波形。在 80 kPa 的压力下,点火器的击穿过程需要更大的电压,并

且在电极间隙被击穿之后,电弧在旋流腔内的发展更加稳定,因此电流幅值也较为平稳。在 100 kPa 的压力下,点火器的击穿电压较低,并且可能在旋流腔内发生多次电弧断裂与再击穿过程,因此电流的幅值有较大变化。

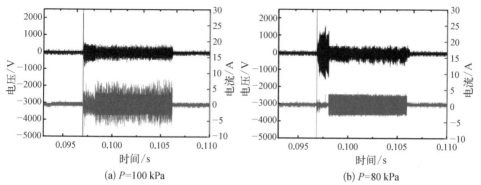

(a) $P=100$ kPa　　　　　　　　(b) $P=80$ kPa

图 4.25　不同环境压力下射流点火器特征波形(IAF = 5 SLM)

随着燃烧室内部压力的降低,点火器最大释放功率也随之降低。压力为 60 kPa,主流流量为 20 g/s 时的点火器功率为 68.8 W,降低幅度约为 18.1%。主流流量为 30 g/s 和 50 g/s 时的射流点火器最大功率分别下降 9.8% 和 7.7%。对于不同的主流流量而言,环境压力对三条曲线的分离度具有关键影响。当燃烧室内部压力为 60 kPa 时,在 20 g/s、30 g/s 和 50 g/s 主流流量下,点火器释放功率趋于相同(图 4.26)。

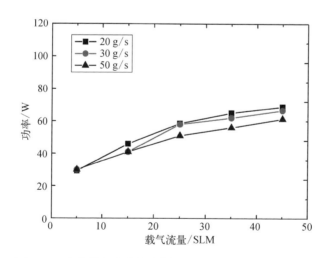

图 4.26　点火器释放功率随载气流量变化曲线($P=60$ kPa)

主流流量为 30 g/s,载气流量为 45 SLM 工况下的滑动弧等离子体射流演化图像如图 4.27。滑动弧的刚度较强,发展方向基本垂直于点火器出口平面。$t=$

2.12 ms 时,射流点火器的穿透深度为 21.1 mm,达到最大值。滑动弧的最大穿透深度与 80 kPa 时相差不大,因此放电功率也较为接近。气压降为 60 kPa 时,滑动弧的辉光放电特征趋于明显,电弧间隙空气的击穿电压降低,滑动弧开始在电弧间发生多次再击穿现象,因此电弧的延展受到限制,对燃烧室主流流量的影响趋于不敏感。

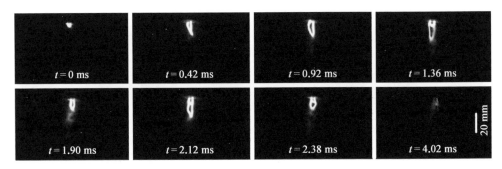

图 4.27　射流点火器放电高速摄影(载气流量为 45 SLM,主流流量为 30 g/s)

4.2　滑动弧等离子体射流点火器数值模拟

4.2.1　仿真模型构建

针对双涵道压差式滑动弧等离子体射流的实验台(图 4.28),基于 Navier - Stokes 方程和等离子体反应动力学方程,构建滑动弧等离子体射流仿真模型,利用有限的实验数据和经过验证的数值模型,计算滑动弧点火器出口处的气体温度以及化学活性物质浓度,从而辅助滑动弧等离子体射流点火器参数设计。

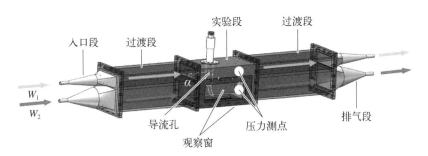

图 4.28　双涵道压差式滑动弧等离子体射流实验台

1. 三维流体动力学模型

通过构建三维流体动力学模型,获得点火器内部和出口处的气体流速,并作为后续零维反应动力学模型的输入参数。简化后的实验系统包括滑动弧等离子体射流点火器和下腔,如图 4.29 所示。

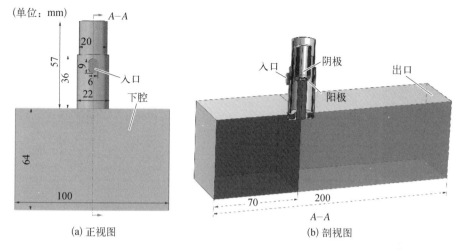

(a) 正视图　　　　　　　　　　　　(b) 剖视图

图 4.29　三维流体动力学模型计算域

计算可压缩流动的湍流模型如下：

$$\rho \nabla \cdot \boldsymbol{u}_g = 0 \tag{4.1}$$

$$\rho (\boldsymbol{u}_g \cdot \nabla) \boldsymbol{u}_g = \nabla \cdot [-p\boldsymbol{I} + K] + \boldsymbol{F}$$

$$K = (\mu + \mu_T) \nabla \boldsymbol{u}_g + \nabla (\boldsymbol{u}_g)^{\mathrm{T}} - \frac{2}{3}(\mu + \mu_T)(\nabla \cdot \boldsymbol{u}_g)\boldsymbol{I} - \frac{2}{3}\rho k\boldsymbol{I} \tag{4.2}$$

其中，ρ 是气体密度；$\boldsymbol{u}_g$ 是气体流动速度；上标 T 表示转置；p 是气体压力；μ 是动力黏度；μ_T 是流体的湍流黏度；$\boldsymbol{I}$ 是单位张量；$\boldsymbol{F}$ 是体积矢量。在 k-ε 湍流模型中引入了附加的输运方程：

$$\rho (\boldsymbol{u}_g \cdot \nabla) k = \nabla \cdot \left[\left(\mu + \frac{\mu_T}{\sigma_k} \right) \nabla k \right] + P_k - \rho \varepsilon \tag{4.3}$$

$$\rho (\boldsymbol{u}_g \cdot \nabla) \varepsilon = \nabla \cdot \left[\left(\mu + \frac{\mu_T}{\sigma_\varepsilon} \right) \nabla \varepsilon \right] + C_{\varepsilon 1} \frac{\varepsilon}{k} P_k - C_{\varepsilon 2} \rho \frac{\varepsilon^2}{k} \tag{4.4}$$

$$\mu_T = \rho C_\mu \frac{k^2}{\varepsilon} \tag{4.5}$$

$$P_k = \mu_T \left(\nabla \boldsymbol{u}_g : (\nabla \boldsymbol{u}_g + (\nabla \boldsymbol{u}_g)^{\mathrm{T}}) - \frac{2}{3} \cdot (\nabla \cdot \boldsymbol{u}_g)^2 \right) - \frac{2}{3}\rho k \nabla \cdot \boldsymbol{u}_g \tag{4.6}$$

其中，σ_k、σ_ε、$C_{\varepsilon 1}$、$C_{\varepsilon 2}$ 和 C_μ 是无量纲模型常数（分别为 1.0、1.3、1.44、1.92 和 0.09）。μ_T 表示流体的湍流黏度。模型中使用的边界条件如表 4.1 所示。

表 4.1 $k-\varepsilon$ 模型的边界条件

边	边界条件	说 明
壁	$\boldsymbol{u}_g \cdot \boldsymbol{n} = 0$	$\boldsymbol{n}$: 壁面的法向向量
出口	$p = p_0$	p_0: 出口处压力(1 atm)
入口	$p = p_1$	p_1: 入口处压力(1 atm+45 Torr①)

2. 零维滑动弧反应动力学模型

建立零维滑动弧反应动力学模型,基于实验数据和三维流体动力学模型结果,采用 ZDPlasKin 求解器计算滑动弧从重燃到熄灭全过程中,化学活性物质密度和气体温度的时间演化规律。

反应动力学模型基于两个关键假设:① 滑动弧中的组分密度和气体温度的空间分布是准均匀的(电极位置附近除外,本模型不关注空间占比较小的电极鞘层区域);② 考虑到滑动弧与气流速度不同,将电弧与空气之间的热交换简化为气流横掠圆管散热问题。

零维滑动弧反应动力学模型求解的方程包括密度方程和气体能量方程:

$$\frac{\mathrm{d}[N_i]}{\mathrm{d}t} = \sum_{j=1}^{j_{\max}} Q_{ij}(t) \quad i = 1, \cdots, i_{\max} \tag{4.7}$$

$$\frac{N_{\mathrm{gas}}}{\gamma - 1} \frac{\mathrm{d}T_{\mathrm{gas}}}{\mathrm{d}t} = P_{\mathrm{elast}} N_e + Q_{\mathrm{src}} \tag{4.8}$$

其中, N_i 是粒子 i 的密度;源项 Q_{ij} 对应于来自不同过程的贡献; P_{elast} 是使用玻尔兹曼方程求解器(BOLSIG+)计算的由于弹性电子中性粒子碰撞的能量增长率; N_i 是电子密度; Q_{src} 是源项,包括对流换热损失 $Q_{\mathrm{conversion}}$ 、滑动弧长度增长对温度的影响 Q_{growth} 、功率加热 Q_{power} 和反应热 Q_{reaction} 。 在不同的阶段, Q_{src} 具有不同的表达式。

等离子体反应机理是零维模型的核心。本模型使用的反应机理源于文献中描述非平衡低温到热平衡火花放电转捩的简化机理。在此基础上,考虑以下非平衡放电阶段的氧分子/原子相关反应:① O_2 电子吸附反应;② O^- 和 O_2^- 的电子碰撞解吸附和吸附解离反应;③ O^- 和 O_2^- 和正离子的离子-离子复合反应;④ O_2 的电子碰撞激发反应;⑤ $O_2(a^1\Delta_g)$ 和 $O_2(b^1\Sigma_g^+)$ 和中性粒子的熄灭反应。

滑动弧演化过程通常包含三个阶段:高度电离阶段、转捩阶段和非平衡阶段,分别对应滑动弧点燃时刻、传播时刻和接近熄灭时刻。根据不同阶段的特点,对方

---

① 1 Torr = 1.333 22×10^2 Pa。

程(4.7)和方程(4.8)的关键输入参数、电子温度 T_e，约化电场 E/N 和源项 Q_{src} 采用不同的处理方式。

1）高度电离阶段

该阶段对应于滑动弧等离子体点燃/重燃时刻。此时滑动弧具有最高的温度和电流，并且可以被认为是具有化学和温度平衡。电子能量分布函数(EEDF)遵循麦克斯韦分布(Maxwellian distribution)。在高度电离阶段，滑动弧持续时间较短(数微秒)，作用范围小，虽然不会显著影响后续点火和燃烧过程，但是为接下来的转捩阶段计算提供了必要的初始条件(活性物质密度和气体温度)。

考虑点火器出口附近发生重燃的滑动弧，电子温度固定为 2 eV 以快速达到化学平衡，气体温度根据电导率估算：

$$V_{arc} = \pi r_{arc}^2 L_{arc} \tag{4.9}$$

$$E = \frac{U_{arc}}{L_{arc}} \tag{4.10}$$

$$\sigma = \frac{P}{V_{arc} E^2} \tag{4.11}$$

其中，P 是滑动弧功率；E 是滑动弧的电场模；U_{arc} 是示波器测量的阴极和阳极之间的电势差；V_{arc} 是滑动弧体积；r_{arc} 和 L_{arc} 分别是滑动弧的长度和半径，通过 ImageJ 软件处理 ICCD 拍摄的滑动弧演化图像得到(在没有 ICCD 相机的时候，也可以根据单温 MHD 模型估算)。根据气体放电等离子体数据库(GPLAS)中给出的电导率和气体温度之间的关系，推出滑动弧重燃时刻的气体温度。

高度电离阶段维持时间 9 μs 后，组分密度和温度达到稳定，此时程序将自动进入下一阶段计算。

2）转捩阶段

该阶段对应于电弧被气流带动并被拉长的过程，在这个阶段，滑动弧从化学平衡向非平衡阶段转捩，温度快速下降而参与后续点火燃烧过程的活性物质快速增加。在该阶段模型中，依然令 EEDF 遵循麦克斯韦分布，并使电子温度等于气体温度(温度平衡)。能量方程热源项 $Q_{src} = Q_{power} + Q_{convection} + Q_{growth}$ 包括功率加热、对流换热损失和滑动弧长度延伸导致的热损失校正。

当气体温度下降至 4 000 K 以下、电子密度降至 1.5×10^{15} cm^{-3} 以下后，由于气体温度、电子温度均不足以支持逆反应的进行，此时滑动弧进入非平衡阶段。

3）非平衡阶段

该阶段对应滑动弧电源输入功率无法弥补滑动弧消耗功率的熄灭过程。在非平衡阶段，EEDF 由求解基于二项展开的 Boltzmann 方程获得(BOLSIG+)。作为模

型输入参数的约化电场,采用以下公式计算:

$$\frac{E}{N} = \frac{1}{n_{\text{tot}}}\sqrt{\frac{P}{V_{\text{arc}} \cdot \sigma}} \qquad (4.12)$$

$$\sigma = \frac{\mu_e}{n_{\text{tot}}} \cdot n_e \cdot e \qquad (4.13)$$

式中,n_{tot} 是滑动弧的总密度;V_{arc} 是滑动弧体积;P 是滑动弧功率;μ_e 是使用 BOLSIG+计算的电子迁移率;n_e 是电子密度;e 是元电荷数。在该阶段中,气体能量方程源项 $Q_{\text{src}} = Q_{\text{reaction}} + Q_{\text{convection}} + Q_{\text{growth}}$,考虑了反应热、滑动弧与空气的对流换热以及滑动弧长度增长对温度的修正。

在转捩和非平衡阶段,模型均针对气体能量方程的热源项(Q_{reaction},$Q_{\text{convection}}$,Q_{growth},Q_{power})进行了特殊处理。滑动弧与空气的对流换热源项 $Q_{\text{convection}}$ 使用方程(4.14)~方程(4.18)来计算:

$$Re = \frac{\rho v d}{\mu} \qquad (4.14)$$

$$Pr = \frac{c_p \mu}{\lambda} \qquad (4.15)$$

$$Nu = 0.3 + \frac{0.62 Re^{1/2} Pr^{1/3}}{[1 + (0.4/Pr)^{2/3}]^{1/4}}\left[1 + \left(\frac{Re}{282\,000}\right)^{5/8}\right]^{4/5} \qquad (4.16)$$

$$h = \frac{Nu\lambda}{d} \qquad (4.17)$$

$$Q_{\text{convection}} = \eta_1 \frac{Ah(T_{\text{gas}} - T_{\text{bg}})}{V_{\text{arc}}} \qquad (4.18)$$

其中,d 是滑动弧直径;ρ 是滑动弧密度;μ 是黏度系数;c_p 是恒压下的比热容;λ 是导热系数;T_{gas} 是滑动弧温度,等离子体的物性参数(μ,ρ,c_p,λ)可以从 GPLAS 中获得。Re、Pr 和 Nu 分别是雷诺数、普朗特数和努塞特数。$T_{\text{gas}} = 300\,K$ 是背景气体温度,$\eta_1 = 0.45$ 是对流换热效率,其值根据实验中测量的气体温度与 η_2 一起调整。滑动弧周围的空气速度 v 通过三维流体力学模型计算确定或依据 ICCD 拍摄结果估算。

滑动弧长度增长对温度的影响 Q_{growth} 内涵为:假设在时间间隔为 Δt 内,滑动弧没有能量注入和能量损失。t 时刻单位体积滑动弧能量为 $\varepsilon_t = \frac{5}{2}kT_t$;因此,滑动

弧在时间 t 的总能量是 $E_t = \pi r^2 L \varepsilon_t = \pi r^2 L \times \dfrac{5}{2} k T_t$。当滑动弧在 $t + \Delta t$ 时刻增加 ΔL

时，单位体积滑动弧能量为 $\varepsilon_{t+\Delta t} = \dfrac{E_t}{\pi r^2 (L + \Delta L)} = \dfrac{L}{L + \Delta L} \dfrac{5}{2} k T_t = \dfrac{5}{2} k T_{t+\Delta t}$；因此，

滑动弧增长对温度的影响可表示为 $T_{t+\Delta t} = \dfrac{L}{L + \Delta L} T_t$，每个时间步用此公式修正

温度。

$$Q_{\text{reaction}} = \sum_{j=1}^{j_{\max}} \pm \delta \varepsilon_j \cdot R_j \tag{4.19}$$

反应热 Q_{reaction} 可以使用式（4.19）计算，其中 γ 是气体比热比，R_j 是反应速率，$\delta \varepsilon_j$ 是反应焓变。

$$P_{\text{heat}} = \eta_2 P_{\text{exp}} / V_{\text{arc}} \tag{4.20}$$

功率加热 Q_{power} 的影响可以使用式（4.20）计算，其中 P_{exp} 是实验功率，η_2 是功率加热效率（该模型中根据实验测量结果校正取值 0.2）。

3. 实验数据–数值模型的耦合逻辑

本计算模型的核心思路是，以相对容易获得的实验数据（包括功率、弧长和流速或点火器结构）作为输入，基于经过验证的反应动力学机理和模型程序，考虑滑动弧重燃、熄灭，考虑化学/温度平衡到非平衡转捩物理过程，量化的计算点火器出口滑动弧中组分的密度和气体温度时间演变特性。实验数据与 CFD 模型和零维滑动弧化学动力学模型相结合的逻辑如图 4.30 所示。

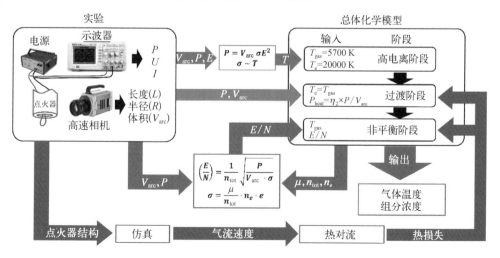

图 4.30　实验系统和零维滑动弧化学动力学模型的耦合示意图

如图 4.30 所示,在高度电离阶段,使用式(4.11)计算了再燃弧的电导率,并使用电导率和温度之间的关系来估算滑动弧重燃温度。在转捩阶段,使用式(4.20)计算功率加热。在非平衡阶段,使用式(4.12)计算约化电场。在过渡阶段和非平衡阶段,使用式(4.14)~式(4.18)计算了滑动弧与空气的对流换热。

4. 模型验证

本模型的输出是化学活性物质浓度和气体温度,为此,分别针对活性物质浓度和气体温度开展基准验证。

1)等离子体反应机理验证

计算了 300~10 000 K 温度范围内,空气等离子体放电条件下的组成浓度并与基准结果对比。计算浓度稳定状态下的活性物质摩尔分数如图 4.31 所示。图中实心点标记是计算结果,实线为基准计算结果。本模型计算结果基准结果吻合良好,确保了等离子体反应机理的可靠和代码编写的正确性。

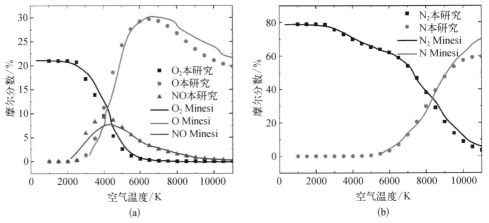

图 4.31   恒容下,空气的平衡组分 O_2、O、NO、N_2 和 N 摩尔分数随温度演化

2)点火器出口温度验证

计算滑动弧出口气体温度,并与相同条件下开展的温度测量实验结果开展对比验证。在本验证算例中,根据 ICCD 拍摄结果图 4.32(b),选取滑动弧点火器出口重燃时刻的电压、电流信息[图 4.32(a)]和 ICCD 滑动弧图像中统计的弧长和弧半径信息作为模型输入。

通过模型计算了在不同压力差下,滑动弧温度时间演化如图 4.33(a)所示。实验测量获得的点火器出口 10 mm 处的滑动弧温度由绿色圆圈表示。由图 4.33(b)可见,使用该模型计算的滑动弧温度与实验测量温度吻合良好。

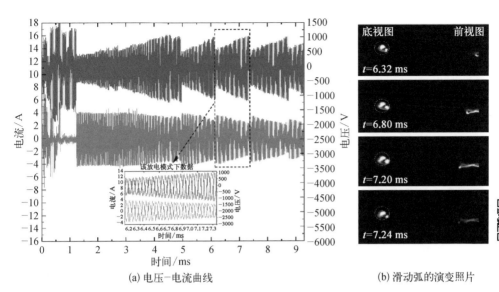

图 4.32　用示波器测量的电压-电流曲线和高速摄像机拍摄的滑动弧的演变照片

进出口压力差为 45 Torr

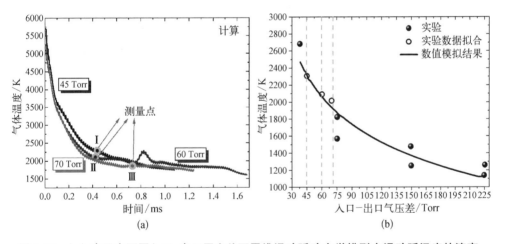

图 4.33　（a）表示在不同入口-出口压力差下零维滑动弧动力学模型中滑动弧温度的演变，并且距离出口 10 mm 的滑动弧温度由绿色圆圈表示；（b）为实验与零维滑动弧动力学模型的滑动弧温度的比较

4.2.2　模型计算结果

1. 滑动弧点火器三维旋流流场

图 4.34 展示了上下腔压力差为 45 Torr 时，点火器和下腔的速度模分布和流线图。最大速度超过 100 m/s，出现在点火器入口最窄位置处。模型中采用点火器出口中轴线各处的气流速度作为零维滑动弧反应动力学模型的输入。

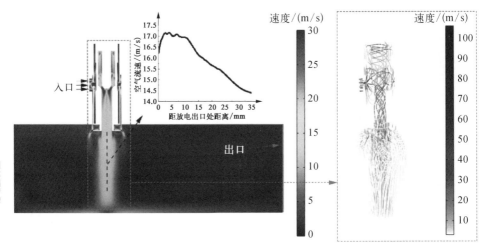

图4.34 压力差为45 Torr时点火器和下腔的空气流速

点火器流速云图显示在左侧,流线图显示在右侧

2. 平衡-非平衡转捩阶段的滑动弧特性

详细计算了入口-出口压差45 Torr情况下滑动弧的气体温度和化学活性物质密度演化,结果如图4.35(a)所示。平衡-非平衡转捩过程中,滑动弧温度从5 700 K快速下降至4 500 K,O和O_2激发态粒子熄灭并产生大量基态O原子。电子密度从10^{18} cm^{-3}下降到10^{14} cm^{-3},电离度大大降低。

基态O原子以及$O_2(a^1\Delta_g)$、$O(^1D)$是启动化学链的关键组分,重点针对以上三种活性物质开展了产率分析,如图4.35(b)~(d)所示。在平衡-非平衡转捩阶段,由于温度较高,O原子通过以下反应实现了动态平衡,浓度稳定在$5\times10^{17}cm^{-3}$左右:

$$NO + N \longleftrightarrow N_2 + O \tag{4.21}$$

$$O(^1D) + O \longleftrightarrow O + O \tag{4.22}$$

单重态氧气分子$O_2(a^1\Delta_g)$主要通过电子碰撞激发产生,并在转捩阶段,通过与NO分子的熄灭反应大量损失:

$$e + O_2 \longrightarrow e + O_2(a^1\Delta_g) \tag{4.23}$$

$$O_2(a^1\Delta_g) + NO \longrightarrow O_2 + NO \tag{4.24}$$

在低电子温度、高气体温度条件下,$O(^1D)$原子密度较低,并通过与O原子、NO分子和电子的反应维持动态平衡:

$$O(^1D) + NO \longleftrightarrow O + NO \qquad (4.25)$$

$$O(^1D) + O \longleftrightarrow O + O \qquad (4.26)$$

$$O(^1D) + e \longleftrightarrow O + e \qquad (4.27)$$

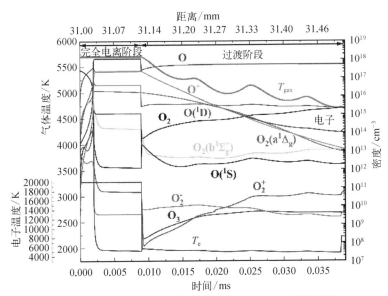

(a) 高度电离阶段和转换阶段气体温度和粒子密度的演化

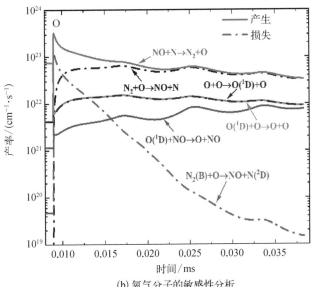

(b) 氧气分子的敏感性分析

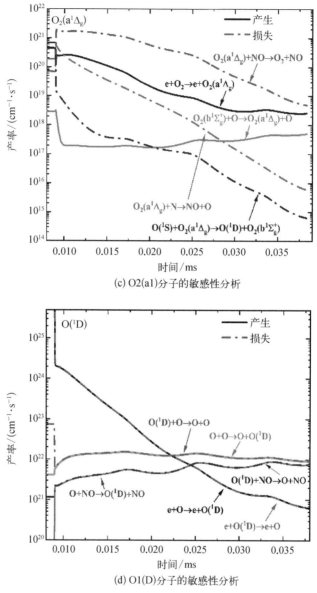

(c) O2(a1)分子的敏感性分析

(d) O1(D)分子的敏感性分析

图 4.35 高度电离阶段和转捩阶段气体温度和粒子密度的演化以及 O、O₂
(a¹Δ₉) 和 O(¹D) 敏感性分析。图(a)中的距离代表的是滑动弧头
部在这个时刻距离阳极的距离

分析了气体能量方程各热源的演化规律,如图 4.36 所示。总热损失随电源功率波动并且大部分时间是负值,其主要原因是对流传热损失大于来自电源的功率加热。因此,滑动弧在点燃后,温度将从 5 700 K 迅速衰减,开启平衡-非平衡过程,而焦耳加热和滑动弧生长对滑动弧转捩发生的影响很小。由此可见,对流换热和

电源功率加热之间的平衡,决定了转捩的发生时刻。由于对流换热实际上取决于气流速度,这为工程上通过控制气流速度/滑动弧点火器内外压差,实现对转捩时刻的控制,从而实现对滑动弧热效应(温度)和化学效应(活性物质浓度)的切换控制奠定了理论可行基础。

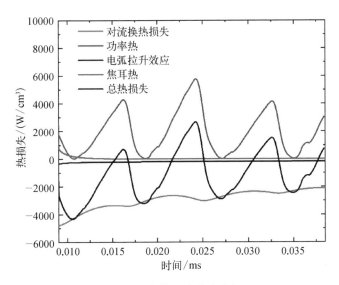

图 4.36　气体温度产率分析

3. 非平衡-熄灭阶段的滑动弧特性

根据模型计算结果,45 Torr 压力差条件下,滑动弧将在距离出口约 2 mm 处完成平衡-非平衡转捩,进入非平衡阶段,并演化至距离出口 56 mm 位置完成非平衡阶段,滑动弧进入熄灭阶段,如图 4.37 所示。

图 4.37(a) 中标注的 A 区间即为非平衡滑动弧阶段。该阶段,气体温度从 4 500 K 逐渐降低至 1 735 K,电子温度则由于交流功率输入,在 12 000 K 和 6 000 K 之间波动。$O(^1D)$、$O_2(a^1\Delta_g)$ 密度在 $10^{14}\,\mathrm{cm}^{-3}$ 左右趋于稳定,O 原子缓慢下降至 $10^{17}\,\mathrm{cm}^{-3}$。

相比转捩阶段,由于滑动弧更多时间维持在非平衡阶段,此阶段关键组分 O、$O(^1D)$、$O_2(a^1\Delta_g)$ 的密度对点火和助燃更为重要,因此对非平衡阶段关键组分产率进行分析,如图 4.38 所示。对 O 的产率进行分析可以发现,与转捩阶段主要通过反应维持正逆反应平衡不同,在拥有比较高电子温度的非平衡弧中,O 原子通过电子碰撞激发反应(4.27)以及反应(4.28)产生 $O(^1D)$,通过熄灭反应(4.25)产生 O 原子,从而维持 O 原子和 $O(^1D)$ 之间密度动态平衡。

$$O_2(b^1\Sigma_g^+) + O \longrightarrow O_2 + O(^1D) \tag{4.28}$$

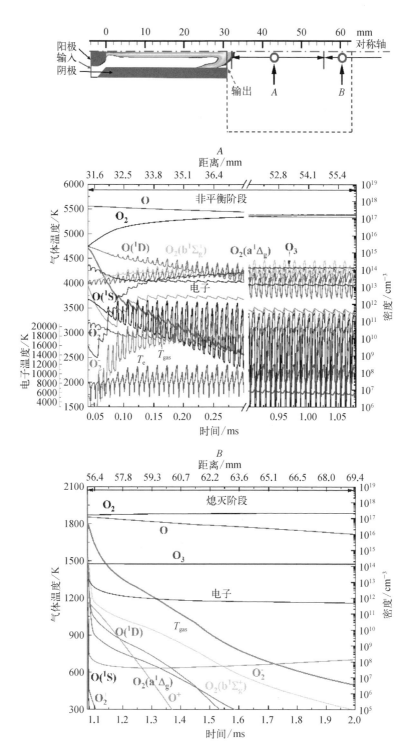

图 4.37　非平衡和熄灭阶段含氧粒子密度及温度演变过程

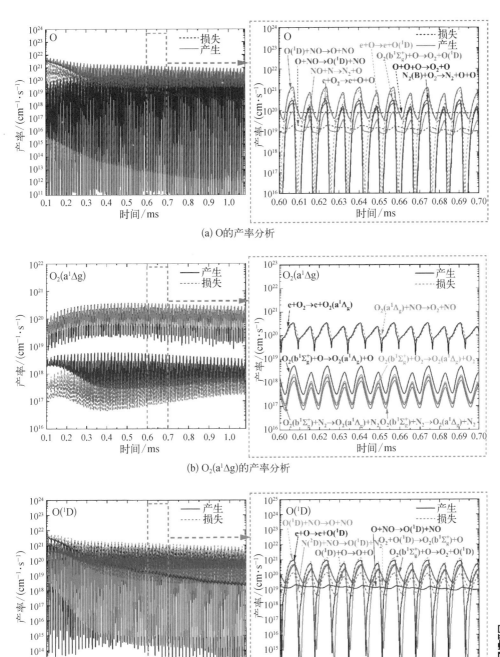

(a) O的产率分析

(b) O₂(a¹Δg)的产率分析

(c) O(¹D)的产率分析

图 4.38　非平衡阶段 O、O₂(a¹Δ₉)、O(¹D) 的产率分析

单重态氧气分子 $O_2(a^1\Delta_g)$ 与转捩阶段类似,通过电子碰撞激发反应(4.23)和与 NO 碰撞的熄灭反应(4.24)维持平衡。由 $O(^1D)$ 产率分析可得,通过电子碰撞激发反应(4.27)和 $O_2(b^1\Sigma_g^+)$ 熄灭反应(4.28)产生 $O(^1D)$,通过与 NO 碰撞熄灭(4.25),维持 $O(^1D)$ 密度平衡。

非平衡阶段的反应热和热损失如图 4.39 所示,此时的温度主要由反应热和对流换热损失决定,焦耳加热和滑动弧生长对温度的影响很小,可以忽略不计,随着温度的降低,对流换热损失越来越小,反应热随着电源功率变化而不断地波动,总的热损失大部分时间处于负值,也就是对流换热损失大于反应热,导致滑动弧的温度不断下降。放热反应的产率分析显示,在非平衡阶段,主要通过 O 原子复合反应(4.29)和 $O(^1D)$ 与 NO 的熄灭反应释放热量:

$$O + O + N_2 \longrightarrow O_2 + N_2 \tag{4.29}$$

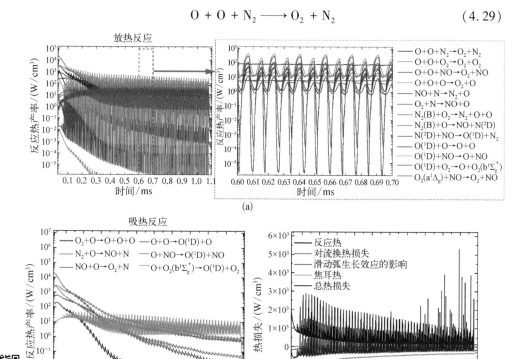

图 4.39　非平衡阶段反应热(a)、(b)和热损失(c)的产率分析

吸热反应的产率分析显示,在刚进入非平衡阶段,气体温度较高时,主要通过反应(4.30)和反应(4.31)吸收热量;在非平衡阶段后期,气体温度降到了 2 000~

2 500 K，主要通过反应（4.28）吸收热量。

$$N_2 + O \longrightarrow NO + N \tag{4.30}$$

$$O + NO \longrightarrow O(^1D) + NO \tag{4.31}$$

随着气体和电子温度的进一步下降，滑动弧电导率急剧降低，滑动弧等离子体状态最终进入 B 区间标识的熄灭阶段。在该阶段，气体温度从 1 800 K 下降至 500 K 左右，由于电子温度/电场也急剧降低，该阶段的激发态组分密度 $O(^1D)$、$O_2(a^1\Delta_g)$ 迅速熄灭，O 原子密度从 10^{17} cm^{-3} 降低到 10^{16} cm^{-3}，通过反应低温下快速转化为 O_2。

$$O + O + M \longrightarrow O_2 + M \qquad M = NO, N_2, O_2, O \tag{4.32}$$

4.3　滑动弧等离子体射流点火实验

4.3.1　地面点火特性

与半导体点火器对比，滑动弧等离子体射流点火器具有更深的穿透深度，增加了等离子体与油气混合物的接触面积。滑动弧等离子体射流点火器的载气对基础旋流燃烧室的内部流场也施加一定影响，使得燃油破碎程度加剧，增加点火概率，如图 4.40 所示。

图 4.40　半导体点火器与射流点火器穿透深度对比

在地面起动状态下，半导体点火器的放电图像如图 4.41（a）所示。在 $t = 0.16$ ms 时，火核达到最大穿透深度 22.1 mm。燃烧室主流流量为 100 g/s，因此高温气体很快就消散在燃烧室主流中。滑动弧等离子体射流点火器的放电形态如图 4.41（b）所示。点火器的二股气流压差以及流量相对较大，滑动弧刚度较高，在 $t = 2.03$ ms 时的穿透深度达到了 32.1 mm，可以接触燃烧室主回流区。放电能量主要集中于滑动弧的间隙击穿、延展以及再击穿过程。电弧的温度较高，滑动弧在旋流腔内部的加热效应更加明显，电弧的再击穿过程更易发生在腔内。

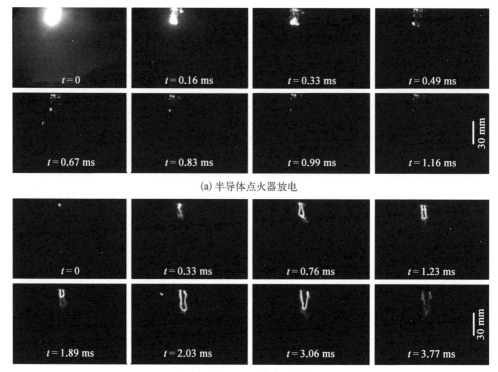

(a) 半导体点火器放电

(b) 等离子体射流点火器放电

图 4.41　半导体点火器与射流点火器在地面高度下的放电图像

图 4.42 为半导体点火器和滑动弧等离子体射流点火器在燃油流量为 1.7 g/s,模拟地面起动状态时的点火过程。燃烧室主流流量为 100 g/s,全局油气比为 0.017。由于航空发动机燃油喷嘴的供油方式为压力供油,当燃油压力较低时,燃油经过喷嘴出油孔后难以充分雾化,液滴直径较大。半导体点火器和等离子体射流点火器分别在 $t = 0.66$ ms 和 $t = 1.93$ ms 时,等离子体电弧接触油气混合物,但由于油气比太低,均点火失败。

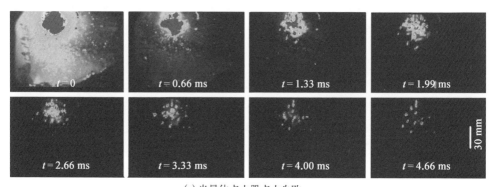

(a) 半导体点火器点火失败

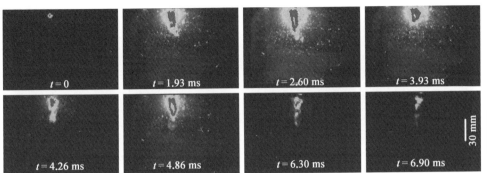

(b) 等离子体射流点火器点火失败

图 4.42　半导体点火器与射流点火器在地面起动状态下的点火失败图像

图 4.43 为半导体点火器和滑动弧等离子体射流点火器在燃油流量为 4.6 g/s,模拟地面起动状态时的点火过程。随着燃油流量增加、燃油压力上升,煤油雾化特性显著改善。半导体点火器的初始火核比滑动弧等离子体射流更大,在来流中快速耗散、发展,逐步发展成全局火焰。滑动弧等离子体射流点火器的点火机理与半导体点火器有显著不同,滑动弧等离子体射流的穿透深度更大,并且射流的化学活性更强,滑动弧对沿程的煤油液滴进行加热蒸发,并诱发燃烧反应。$t = 19.96$ ms 时,燃烧室头部出现火核,回流区出现的火核迅速向整个燃烧室发展,形成全局火焰。滑动弧等离子体射流点火形成全局火焰的时间明显小于半导体点火器。地面起动条件下,与半导体点火器相比,滑动弧等离子体射流点火器可以拓宽贫油点火极限 55.6%。

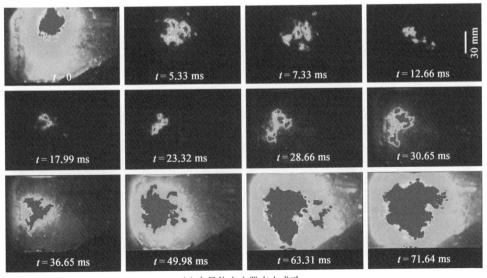

(a) 半导体点火器点火成功

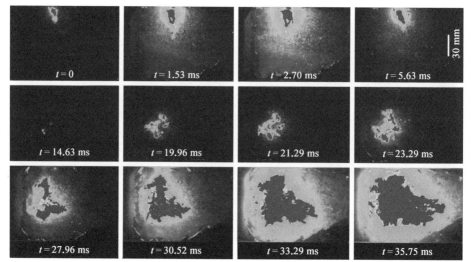

(b) 等离子体射流点火器点火成功

图4.43 半导体点火器与射流点火器在地面起动状态下的点火成功图像

在4 km起动状态下,燃烧室主流流量为65.96 g/s,环境压力为61.7 kPa,常规半导体点火器与滑动弧等离子体射流点火器的放电演化过程如图4.44所示。随着环境压力的降低,半导体点火器放电产生的火核穿透深度达到25.7 mm。滑动弧等离子体射流点火器的主电弧部分穿透深度为21.4 mm,余辉的穿透深度为31.1 mm。

图4.45为半导体点火器和等离子体射流点火器在燃油流量为4.8 g/s,模拟4 km起动状态时的燃烧室点火过程。半导体点火器的点火演化过程与地面类似。从图4.45(a)中$t=26.42$ ms和图4.45(b)中$t=22.79$ ms看出,滑动弧等离子体射流点火器产生的火核面积远大于半导体点火器,也能更快地形成全局火焰。

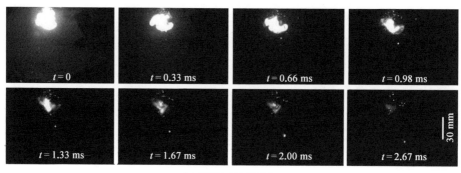

(a) 半导体点火器放电

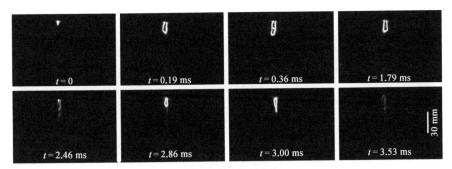

(b) 等离子体射流点火器放电

图 4.44　半导体点火器与射流点火器在 4 km 高度下的放电图像

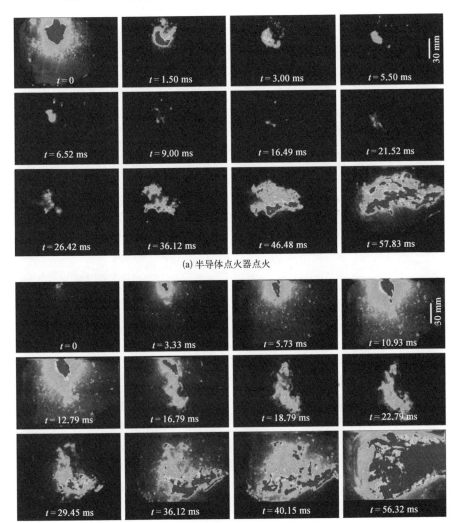

(a) 半导体点火器点火

(b) 等离子体射流点火器点火

图 4.45　半导体点火器与射流点火器在 4 km 起动状态下的点火成功图像

4.3.2 高空点火特性

在 8 km 起动状态下,燃烧室主流流量为 40.12 g/s,环境压力为 35.6 kPa,常规半导体点火器与滑动弧等离子体射流点火器的放电演化过程如图 4.46 所示,随着气压的降低,半导体点火器的放电强度减弱,滑动弧等离子体射流的长度也比地面大幅减小,滑动弧在点火器出口附近的再击穿频率显著升高。

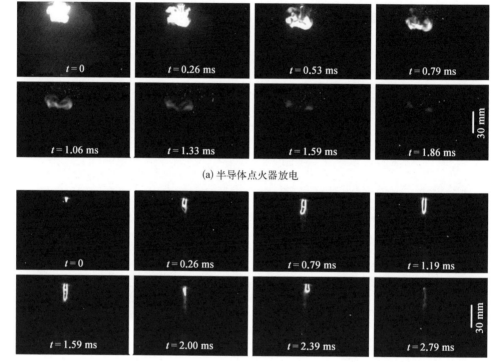

(a) 半导体点火器放电

(b) 等离子体射流点火器放电

图 4.46　半导体点火器与射流点火器在 8 km 高度下的放电图像

图 4.47 为半导体点火器和等离子体射流点火器在燃油流量为 4.7 g/s,模拟 8 km 起动状态时的点火演化过程。高空条件下滑动弧等离子体射流的放电减弱,滑动弧的温度和活性都减弱。两种点火器的火核产生与火焰发展过程差异较大,形成全局火焰的时间基本相当。

在 12 km 起动状态下,燃烧室主流流量为 22.71 g/s,环境压力为 19.3 kPa,常规半导体点火器与滑动弧等离子体射流点火器的放电过程如图 4.48 所示。此时半导体点火器放电产生的火核出现了明显的涡环结构,高温气体内部与外围的温差进一步加剧。滑动弧等离子体射流的放电强度进一步减弱,主电弧穿透深度减小,余辉的穿透深度可以达到 21.9 mm,滑动弧在点火器旋流腔内的再击穿过程频率升高,可以观察到电弧发生多次再击穿过程。

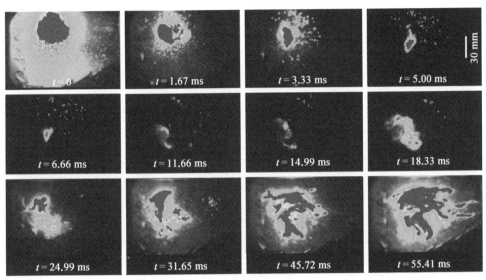

(a) 半导体点火器点火

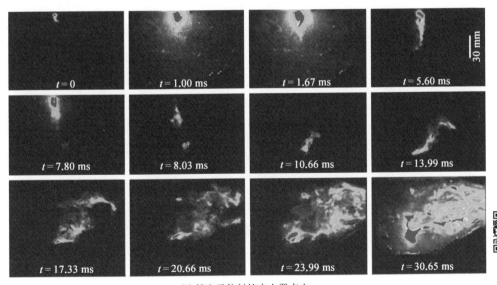

(b) 等离子体射流点火器点火

图 4.47　半导体点火器与射流点火器在 8 km 起动状态下的点火成功图像

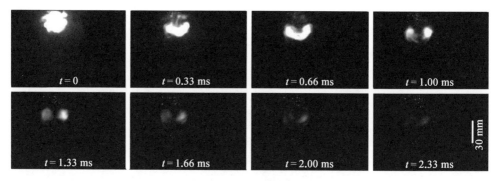

(a) 半导体点火器放电

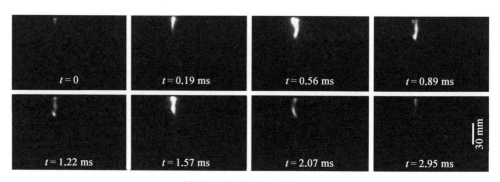

(b) 等离子体射流点火器放电

图 4.48   半导体点火器与射流点火器在 12 km 高度下的放电图像

在 12 km 的起动状态下,半导体点火器和等离子体射流点火器的贫油点火极限都已经达到约 0.25,并且火核的温度与发展都明显减弱。半导体点火器在 $t=6.63$ ms 时基本湮灭,34.82 ms 后开始形成自持火焰,进而发展至整个燃烧室。滑动弧等离子体射流通过射流对油气混合物作用,可以更快地形成大火核,进而发展成全局火焰,如图 4.49 所示。

半导体点火器与滑动弧等离子体射流点火器的点火机理存在显著差异。半导体点火器在放电初始产生火核和高温气体团,高温气体在运动过程中加热蒸发航空煤油液滴,进而逐渐形成稳定火焰。与半导体点火器相比,滑动弧等离子体射流点火器产生的等离子体射流存在时间更长,穿透深度更大,与油气混合物的作用区域更大,化学活性更强,但平均功率更低。由于等离子体射流存在时间较长,射流对沿程的煤油液滴加热促进雾化蒸发,并裂解重整,建立燃烧反应滑动弧等离子体射流点火器产生的火核都位于燃烧室主回流区内部,因此火焰的发展比半导体点火器更加迅速,如图 4.50 所示。

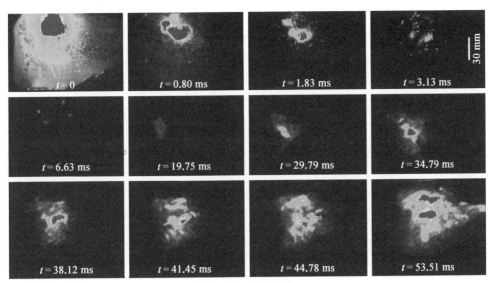

(a) 半导体点火器点火

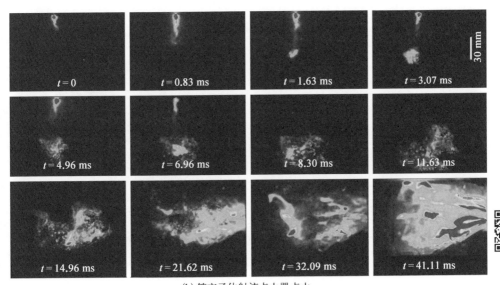

(b) 等离子体射流点火器点火

图 4.49　半导体点火器与射流点火器在 12 km 起动状态下的点火成功图像

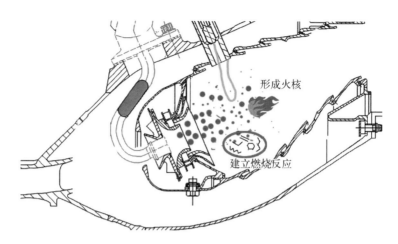

图 4.50　滑动弧等离子体射流点火器点火机理

参考文献

［1］　何立明,陈一,刘兴建,等.大气压交流滑动弧的放电特性［J］.高电压技术,2017,43 (9)：9.

［2］　费力,张磊,何立明,等.环境压力对滑动弧放电等离子体助燃激励器特性的影响研究 ［J］.高压电器,2019,55(7)：127－134.

［3］　Zhao T L, Liu J L, Li X S, et al. Temporal evolution characteristics of an annular-mode gliding arc discharge in a vortex flow［J］. Physics of Plasmas, 2014, 21(5)：053507.

第5章
旋流滑动弧等离子体助燃研究

　　高空环境发动机燃烧室面临低温、低压的极端条件,对煤油雾化、蒸发、着火、火焰传播等环节都有重要影响,火焰稳定性降低,熄火边界狭窄。本章提出了旋流空气驱动交流滑动弧(简称旋流滑动弧)等离子体助燃方法,为解决这一难题提供了新思路。本章研究揭示旋流滑动弧作用下的喷雾燃烧特性,揭示滑动弧等离子体助燃机理,并进行部件燃烧室滑动弧等离子体助燃实验验证。

5.1　旋流滑动弧放电等离子体特性

5.1.1　实验设备与测试方法

1. 实验设备

　　滑动弧等离子体与旋流喷雾燃烧器及其油气供应系统如图5.1所示。采用交流驱动滑动弧电源,最大输出电压为20 kV,最大功率为2 000 W。滑动弧等离子体

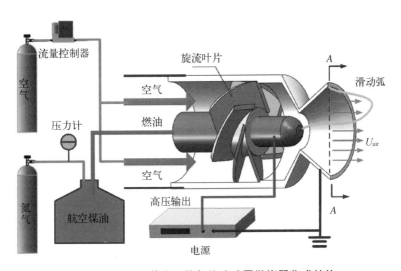

图5.1　滑动弧等离子体与旋流喷雾燃烧器集成结构

激励器与旋流喷雾燃烧器集成,将不锈钢压力雾化喷嘴与电源高压输出端连接,作为高压电极;文氏管套筒与接地端相连,作为低压电极;高电压击穿空气形成电弧通道,在旋流空气作用下旋转滑动。

2. 测试方法

旋流滑动弧等离子体助燃实验装置的测试布局如图 5.2 所示,实验在开放环境中进行,便于光学诊断。采用高压探针(P6015A)和电流探针(TCP0030A)测量电压和电流信号,经示波器(Tektronix DPO4104)记录数据。滑动电弧放电的发射光谱由四通道光谱仪(Avaspec - 2048 - M)采集,可测波长范围 180~1 120 nm。光谱仪通过光纤探头接收等离子体发光信号,光纤探头垂直于燃油喷嘴的中轴线,测量点位于文氏管套筒边缘下方 5 mm 且距中轴线 25 mm 处。光谱仪曝光时间设置为 400 ms,试验记录五次扫描后的平均谱线。

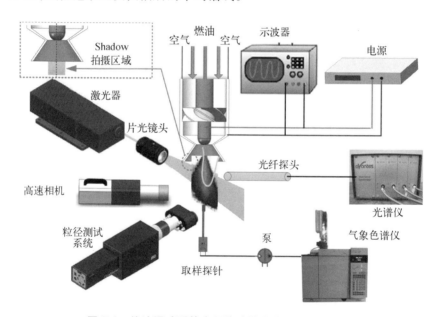

图 5.2　旋流滑动弧等离子体助燃实验测试系统简图

燃油裂解产物由取样探针收集,采用气相色谱仪(GC Agilent 7890B)进行定量和定性分析。气相色谱仪配备可检测 H_2、CO、CO_2、O_2 和 N_2 的热导检测器(TCD PLOTC - 2000),以及用于 C_5 及 C_5 以下碳氢产物测量的火焰离子探测器(FID)。分别采用单反相机(NIKON D7000)和高速相机(Phantom - v2512)记录了滑动弧等离子体在旋流空气驱动下的放电状态和发展过程。

采用 Lavision 公司的喷雾测试系统(spray master)测量喷雾液滴的粒径及分布状态。喷雾场测试采用两种方法,阴影法(shadow)和激光诱导荧光法(laser induced fluorescence,LIF)。Nd:YAG 激光器(Q - SMART 850)经第四谐波晶体(4ω)以 10 Hz

的频率发出波长 266 nm 的激光束,激光束通过片光镜头形成片光并激发该平面所在的喷雾区域。CCD 相机(IMAGE Primx5m)的双相器上分别装有 LIF 信号和 Mie 信号的带通滤波片。阴影法测试,使用波长为 532 nm 的脉冲 Nd:YAG 激光器,激光通过含有荧光板的匀光器照射喷雾区域。采用长距离显微镜(QM1)和 CCD 相机(IMAGE Primx5m)捕捉被照明区域中的液滴。选择位于文氏管套筒边缘的中心位置,尺寸 6.4 mm×1.5 mm 的区域作为喷雾液滴微观统计的测量窗口。

5.1.2　旋流滑动弧放电特性研究

滑动弧放电特性主要研究电压和电流波形、电弧结构和发射光谱等,分析电弧结构变化与气流流动特性以及电压、电流波形的作用规律。

1. 滑动弧放电分析

滑动弧放电状态如图 5.3 所示,放电在大气压条件下进行,由流量为 200 SLM 的旋转气流驱动。图 5.3(a)中的连续电弧采用数码相机拍摄,曝光时间 2.5 ms,滑动弧扫过形成模糊发光区域。滑动弧的真实结构由高速相机捕捉(帧频 50 kHz,曝光时间 17.22 μs),如图 5.3(b)所示,呈现细线状等离子体电弧通道,沿着文氏管套筒转动。滑动弧等离子体单个放电周期可分为三个阶段:击穿、拉伸和熄灭。高电压在喷嘴和文氏管套筒之间击穿形成电弧,电弧在旋流空气作用下拉伸和旋转,电弧拉伸到一定长度后无法维持发生熄灭。一旦放电击穿形成电弧,在一个放电周期内无论电弧如何扭曲拉伸,电弧根部几乎保持在相同的位置。这个根部位置在下一个放电周期才发生改变,具有单个周期内的固定性。

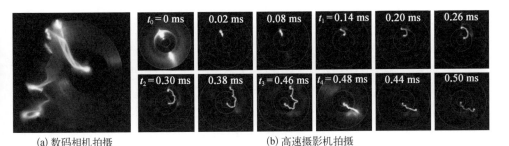

(a) 数码相机拍摄　　　　　　　　　　(b) 高速摄影机拍摄

图 5.3　旋流滑动弧放电

与图 5.3 中的放电图像同步采集,滑动弧放电的电压和电流信号见图 5.4。放电击穿的初始时刻 t_0,电压陡增超过 12 kV,为实现电极之间的击穿提供必要的电场。击穿瞬间的电流上升超过到 2 A,随后进入相对稳定的阶段。以 t_1(0.14 ms)时刻为例,图 5.3(b)中等离子体通道为光滑的弧形,是典型的稳定滑动弧。这个阶段的滑动弧放电主要为辉光放电,电流低于 1 A,波形类似正弦波,电压峰值维持在 2 kV 左右呈锯齿状波形,这一阶段持续约 0.3 ms[1]。

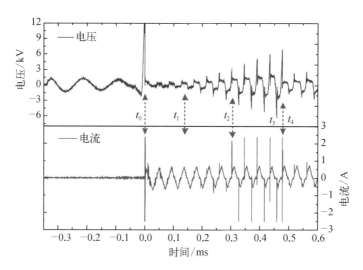

图 5.4　空气流量 200 SLM 滑动弧放电的电压电流波形

从电弧形态看,等离子体通道在 t_2 时刻(0.30 ms)开始扭曲,进入不稳定阶段。在不稳定阶段,多次出现电流峰值超过 2 A 的时刻,此时滑动弧放电由辉光状态变为火花状态。需要指出的是,除了辉光到电弧的转变点(电流超过 2 A 的瞬时),电流在整个过程中保持一个相对稳定的值,这意味着滑动弧的拉伸导致电弧阻抗增加,需要更多的能量来维持。当电源功率不足时,滑动弧熄灭。从图 5.3(b)中可见,拉伸后的等离子体通道在 t_3(0.46 ms)时刻熄灭,然后在 t_4(0.48 ms)时刻形成新的电弧,并开始重复整个过程。

2. 滑动弧放电气流响应特性

空气流量 300 SLM 条件下,无旋流叶片和有旋流叶片的滑动弧放电波形分别如图 5.5(a)、(b)所示,从电压波形来看,不安装旋流叶片时的电压波形变化更加规律,呈现周期性增长与下降。放电周期相对稳定,单个周期持续约 1 ms(第一个周期除外)。旋流空气作用下,电压波形变化剧烈,放电周期大幅缩短,持续时间随机性大。对于电流波形,旋流空气作用下的滑动弧放电趋于不稳定,超过 1 A 的电流尖峰频繁出现。相比之下,不安装旋流叶片时的电流波形更加稳定,电流基本维持在 0.5 A 左右。

图 5.6 显示了两种情况下滑动弧放电的熄灭和再次击穿过程(帧频 50 kHz,曝光时间 17.22 μs)。无旋流叶片时,滑动弧放电的熄灭和再次击穿分别发生在 t_A(1.96 ms)、t_B(3 ms)和 t_C(3.9 ms)三个时刻,装载旋流叶片后,熄灭和再次击穿分别发生在 $t_{A'}$(0.46 ms)、$t_{B'}$(1.02 ms)和 $t_{C'}$(1.6 ms)时刻,间隔时间缩短。从滑动弧放电通道的形态看,旋转气流驱动下的滑动弧被大幅拉伸,并随气流沿周向转动;不安装旋流叶片时,滑动弧位置基本不变,电弧仅沿轴向拉伸。

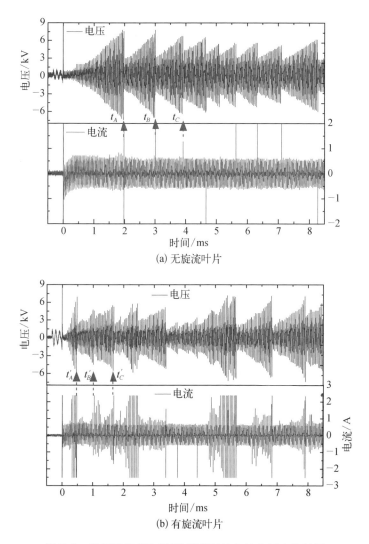

图 5.5   空气流量 300 SLM 滑动弧放电的电压电流波形

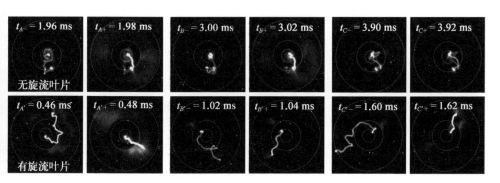

图 5.6   空气流量 300 SLM 滑动弧熄灭与再次击穿过程

结合电压、电流波形的分析,可以发现,旋转气流驱动的滑动弧放电更加不稳定,"辉光-电弧"转变更加频繁,"击穿-熄灭-再次击穿"时间周期缩短。旋转气流有助于延长电弧,输出功率增大,当电源功率不足时,电弧熄灭。实际上,当滑动弧放电从"辉光"向"电弧"转变时,其电压、电流的瞬时功率陡增并超过了电源的额定功率。"辉光-电弧"转变频繁,意味着放电的不稳定加剧。

空气流量低于 500 SLM 时,滑动弧等离子体的平均放电功率和空气流量之间近似线性关系,如图 5.7 所示。随着空气流量的增加,湍流度增加,引起电弧通道的扭曲和褶皱加剧,电弧状态的改变导致维持滑动弧放电需要的能量增加。湍流度增强也加速了热等离子体通道与冷空气环境之间的热扩散,能量损失加剧。因此,空气流量增加导致电源输出功率上升,高速来流条件下需要大功率的等离子体电源。

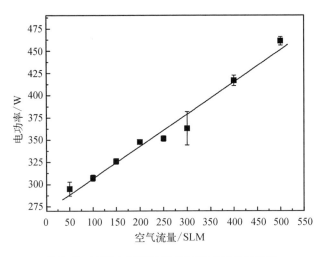

图 5.7　不同空气流量条件下滑动弧放电功率

5.2　喷雾燃烧器旋流滑动弧等离子体助燃机理

5.2.1　等离子体拓宽熄火边界研究

燃烧室熄火边界对发动机至关重要,本节进行常温和低温燃油的熄火边界对比,研究滑动弧等离子体对火焰状态的影响。

1. 熄火边界对比

为了研究等离子体作用下旋流喷雾燃烧器的贫油熄火极限,实验中采用滑动弧进行点火。点火成功形成火焰并持续 5 s 后,关闭滑动弧等离子体电源,测试熄火边界。试验中以 25 kPa 的步长降低供油压力,逐步降低当量比,直到火焰在 5 s

内被吹熄,即为贫油熄火极限。在不同空气流量条件下重复这个过程,得到喷雾燃烧器的熄火包线。

室温(5℃)和低温(-30℃)煤油的熄火边界以及滑动弧等离子体的作用效果如图 5.8 所示。对于喷雾燃烧,相同当量比条件下,当空气流速增加时,必须提高燃油流量以维持当量比恒定。增大燃油流量需要提高供油压力,增加雾化喷嘴和环境之间的压差($\Delta p/p$),这有利于燃油雾化和蒸发,改善燃烧特性。滑动弧等离子体显著拓宽喷雾燃烧器的贫油熄火极限,对比最明显的情况:来流速度 4.9 m/s 时,5℃煤油的贫油熄火当量比由 0.58 拓宽到 0.30,拓宽48%;来流 4.7 m/s 时,-30℃煤油的贫油熄火当量比由 0.60 拓宽到 0.32,拓宽47%。贫油熄火极限几乎不受低温燃油的影响,但是低温的燃油和空气会导致点火困难。

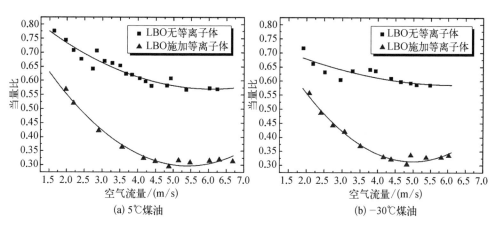

图 5.8　滑动弧等离子体对熄火边界影响

2. 火焰形态对比

以 5℃的煤油为例,研究了空气流速 4.38 m/s 和 2.74 m/s 条件下的燃烧状态。随着当量比逐渐减小,数码相机(曝光时间 125 μs)拍摄火焰状态变化如图 5.9 和图 5.10 所示。对于常规喷雾燃烧,雾化喷嘴附近火焰区域随当量比减小而逐渐缩小。气流速度 4.38 m/s 条件下,当量比减小到 0.62 时,火焰最终熄灭。相同当量比条件下,施加滑动弧等离子体激励时,可以观察到更强、更明亮的火焰区域。即使当量比减小到 0.34,火焰仍然维持燃烧,熄火边界拓宽了45%。

图 5.10 中的火焰外缘区域可以观察到明亮的电弧通道,代表等离子体作用区域。根据经典熄火理论,熄火分为局部熄火、熄火-再着火、全部熄火三个过程[2, 3]。因此,熄火过程可以视为一个概率事件,即当局部熄火概率和比例增大到一定程度时,发生全局熄火。滑动弧等离子体作为稳定存在的高温热源,可以持续不断地在油气混合物中产生初始火核,极大地降低了局部熄火的概率,弥补局部熄火造成的火焰面损失。

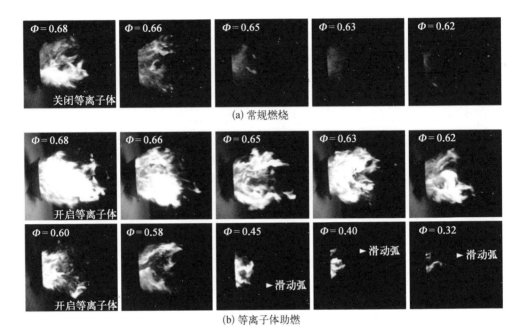

(a) 常规燃烧

(b) 等离子体助燃

图 5.9   气流速度 4.38 m/s(400 SLM)的火焰连续图像

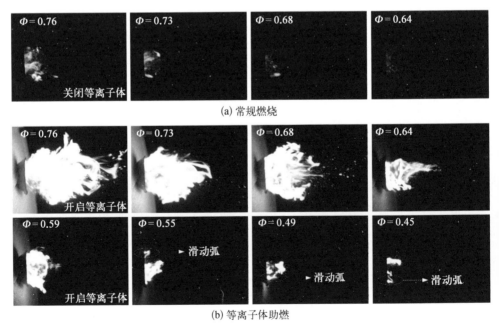

(a) 常规燃烧

(b) 等离子体助燃

图 5.10   气流速度 2.74 m/s(250 SLM)的火焰连续图像

气流速度减小到 2.74 m/s 时,为了保持与 4.38 m/s 条件下的相同当量比,必须减小供油压力,降低燃油流量。低油压导致喷雾质量恶化,大量燃油液滴由于尺寸过大来不及雾化蒸发,液滴直接穿过火焰不参与燃烧反应,火焰中油气混合物的有效当量比实际下降。图 5.10 当量比 0.68 的图片中可以观察到冲出火焰区域的燃油液滴,常规火焰中未燃烧的液滴更多,由于火焰强度低,不足以照亮周围区域,相机无法捕捉。气流速度 2.74 m/s 时,常规火焰的熄火当量比上升到 0.66,在等离子体作用下,熄火当量比下降到 0.45,拓宽了 32%。

滑动弧等离子体的助燃效果主要通过三个途径来实现:加热效应、化学动力学效应和输运效应[4, 5]。对于加热效应,滑动弧放电释放大量的热,能够加热油气混合物,提高反应率,并持续不断产生火核。对于化学动力学途径,滑动电弧放电产生活性自由基,可加速燃烧化学反应,并将煤油大分子裂解成小分子烃[6, 7]。对于输运效应,滑动电弧放电产生的局部加速和湍流气动改变了煤油喷雾的分布特性,使油气混合物更加均匀。

5.2.2 等离子体改善雾化特性研究

喷雾燃烧是复杂的气液两相湍流流动化学反应,湍流影响液滴的空间分布,湍流混合和液滴蒸发都影响化学反应,燃烧器中喷雾液滴的尺寸和分布直接影响点火和燃烧性能[8]。本节采用粒径测试设备,研究了燃油喷嘴的喷雾特性以及滑动弧等离子体对喷雾的影响。

滑动弧等离子体对燃油喷雾的作用见图 5.11,为了避免喷雾燃烧,实验在氮气环境中进行,使用氮气作为旋流气体。图中对比了燃油喷雾、旋流空气辅助雾化和等离子体辅助雾化三种模式,从喷雾粒径分布图中能够观察到明显的区别。图 5.11(a)、(d)为单喷雾模式,喷雾覆盖范围窄,液滴粒径大,分布集中在中轴线上。尤其是 −30℃ 煤油,SMD 在 150 μm 左右的液滴群几乎覆盖整个喷雾区域。旋流空气作用下,大液滴团破碎,产生粒径更小的液滴群,并随旋转气流扩散开,覆盖图 5.11(b)、(e)中全部视野。滑动弧等离子体作用下的燃油粒径分布如图 5.11(c)、(f)所示,液滴进一步破碎,产生 SMD 约为 30 μm 的小液滴填充整个区域。在图 5.12 中可以观察到与图 5.11 相同的作用规律,区别在于图 5.12 中供油压力较低(0.11 MPa),雾化质量更差,喷雾锥角更加狭窄。在旋流空气和滑动弧等离子体作用下,形成大量小液滴扩散到广阔区域,极大地改善了雾化质量。

单燃油喷雾的液滴 SMD 较大,集中在中轴线区域;旋转气流辅助喷雾使液滴变小,部分小液滴随气流扩散到更广阔的区域,较大的液滴则受惯性影响聚集在中轴线附近;滑动弧等离子体能够促使喷雾液滴进一步破碎,产生粒径更小的液滴并随气流广泛扩散。滑动电弧放电导致氮分子和氧分子离解,释放出大量的热量并

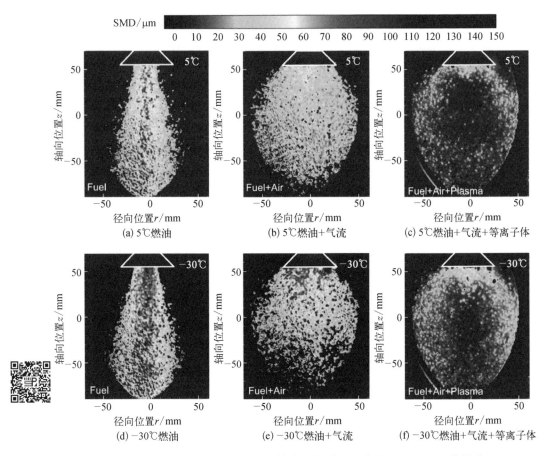

图 5.11　旋流空气(250 SLM)和等离子体对燃油喷雾(0.15 MPa)的影响

产生瞬时高压,电弧周围气体瞬时温度增加。滑动弧放电过程中电弧位置周期性变化,产生的热量释放和气动不稳定性也随之变化。不断变化位置的高温热源和气动扰动降低了燃料黏度,加剧了喷雾液柱的变形和振动,加速了液滴团从液柱中剥离脱落。同时,滑动弧放电产生的气动不稳定性和瑞利不稳定性使气流的湍流度增加,增强了二次雾化过程。

　　低温和贫油条件下燃油喷雾质量恶化,喷雾燃烧反应中燃料的蒸发率取决于液滴的表面积与体积的比值,气液两相流动混合物的最小点火能与喷雾液滴粒径的四次方成正比。同时,煤油喷雾燃烧过程中的火焰传播速度也得益于较小的液滴粒径。因此,对于点火性能,临界平均液滴尺寸比燃油/空气的贫油极限更加关键。滑动弧等离子体能够有效改善喷雾质量,降低喷雾液滴的粒径,极大地拓宽了低温和贫油条件下的点火和熄火边界。

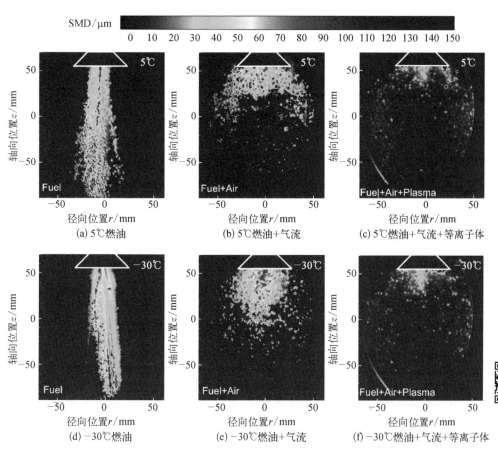

图 5.12　旋流空气(250 SLM)和等离子体对燃油喷雾(0.11 MPa)的影响

5.2.3　等离子体燃油裂解研究

航空煤油组分复杂,包含 $C_7 \sim C_{16}$ 多种链烃和环烷烃等大分子成分,这些大分子碳氢化合物蒸发性差,火焰传播速度低。等离子体辅助燃油裂解,产生火焰传播速度更快的轻质烃,能够有效提高点火性能,拓宽熄火边界。本节采用气相色谱仪分析了滑动弧等离子体作用下的燃油裂解产物,研究了不用来流条件下的产物含量变化规律。

1. 裂解产物分析

图 1.23 中展示了供油压力 0.11 MPa,空气流量 50 SLM 条件下检测到的几种典型气态裂解产物,包括甲烷(CH_4)、乙烷(C_2H_6)、乙烯(C_2H_4)、乙炔(C_2H_2)、丙烷(C_3H_8)、丙烯(C_3H_6)、丙二烯(C_3H_4)、丙炔(C_3H_4)和丁烷(C_4H_8)(含三种同分异构体:1-丁烯、异丁烯和1,3-丁二烯)。其中,CH_4(1.26 SLM)、C_2H_4(1.31 SLM)和 C_2H_2(2.30 SLM)为主要产物。这些轻质烃具有较高的层流火焰传播速度,特别是

烯烃,更容易在低温下被点燃。

滑动弧等离子体形成过程中,高能电子和激发态分子、离子等发生碰撞,生成大量的活性自由基(如 N_2、O_2、NO、N_2^+、N、NH、O 和 OH)。碰撞过程中,这些高能的电子、离子、分子和活性粒子非常活跃,积极参与到煤油大分子碳氢化合物的 C—H 键和 C—C 键的断键分解过程中,帮助大分子链烃和环烷烃裂解成碳原子数小于 5 的轻质烃。

2. 气流响应特性

引入碳浓度来比较不同气流条件下滑动弧等离子体的转化能力,碳浓度(n_C)的定义基于裂解物的碳原子数,公式如下:

$$n_C = n_{CH_{y_1}} + 2n_{C_2H_{y_2}} + \cdots + in_{C_iH_{yi}} = \sum in_{C_iH_{yi}} \tag{5.1}$$

燃油在滑动弧等离子体作用区的滞留时间(τ)为

$$\tau(S) = \frac{等离子体反应区体积}{气体体积流量} = \frac{V}{Q_0[Air]} \tag{5.2}$$

式中,V 是滑动弧等离子体作用区的体积;$Q_0[Air]$ 是通过等离子体区域的空气流量;图 5.13 中采用滞留时间的倒数形式(τ^{-1})与空气流量的变化趋势相对应。

空气流量和滞留时间对碳浓度影响见图 5.13、图 5.14,裂解产物的碳浓度总数随着空气流量增大而下降。空气流量较高时,电源输出更多的能量用于维持高速流场中的滑动弧,产生强度更大的电场,增大电子温度、转动温度和振动温度。但是,在较高的空气流量下,湍流扰动和热交换过程加剧。同时,高速气流带动煤

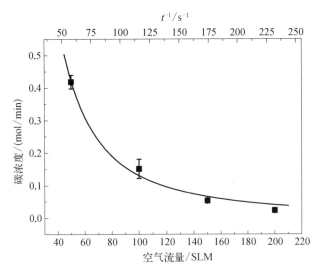

图 5.13　裂解产物中碳浓度随空气来流和滞留时间的变化曲线

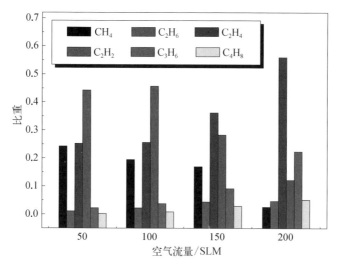

图 5.14　不同空气来流条件在裂解产物中检测到各类轻质烃所占比重

油喷雾快速通过等离子体反应区,缩短了燃料重整的滞留时间,从而导致被燃油大分子吸收的有效能量下降,不利于燃油裂解。因此,增大煤油喷雾在滑动弧等离子体作用区的滞留时间是提高转化能力的关键。

供油压力保持 0.11 MPa 不变,检测到裂解产物中 CH_4、C_2H_4、C_2H_2、C_3H_6 和 C_4H_8(包括三个异构体)所占比例随空气流量的变化如图 5.15 所示。其余轻质烃如 C_3H_4 和 C_3H_8,由于峰值信号太弱,无法在流量 150 SLM 和 200 SLM 两种工况下被检测到,未在图中显示。随着空气流量由 50 SLM 增加到 200 SLM,C_2H_4 和 C_3H_6 在产物中所占比例分别从 25.2% 逐渐增加到 62.1%,从 2.2% 逐渐增加到 22.4%;而 CH_4 和 C_2H_2 所占比例则从 24.3% 下降到 2.6%,以及从 44.2% 逐渐减少到 12.2%。

相对而言,生成 C_2H_4 的反应途径比其他产物更短,C_2H_4 更容易由乙基和其他活性基团生成。乙基作为乙烯的前置产物,可以通过直链烷烃中的 β—C—C 键和 β—C—H 键离解产生,在裂解反应中非常容易获得。因此,空气流量较高时,有效反应时间短,更容易生成 C_2H_4,在产物中所占比重最大。在低流量条件下,煤油喷雾在等离子体反应区的滞留时间较长,能够产生更多的乙基和各种活性基团。在一个较长的滞留时间内可以积累大量的乙基和各种活性基团,进一步相互反应生成 C_2H_2,导致低流量条件下裂解产物中 C_2H_2 比重上升。由于生成 C_2H_2 和 C_2H_4 的化学反应同样消耗乙基和各种活性基团,并且对乙基和活性基团的浓度依赖程度不同,两种反应在一定条件下是竞争关系。因此,滞留时间对产生 C_2H_2 和 C_2H_4 的化学反应影响规律是相反的。类似的,C_3H_6 主要由丙基生成,当丙基积累量增大,β—C—H 键会进一步发生离解反应消耗丙基,导致 C_3H_6 的含量变化呈现与

C_2H_4 相同的趋势。通常,CH_4 的生成需要大量的甲基和氢,而甲基和氢非常容易被转化成其他产物消耗掉。因此,较长的滞留时间能够产生大量的甲基和氢,有助于 CH_4 的生成。

采用比能量密度(specific energy density,SED)和比能量消耗(specific energy consumption,SEC)来衡量滑动弧等离子体用于燃油裂解的电能消耗。比能量密度(SED)由滑动弧放电功率(P)和空气流量($Q_0[\mathrm{Air}]$)计算:

$$\mathrm{SED(kJ/L)} = \frac{P \times 60 \times 10^{-3}}{Q_0[\mathrm{Air}]} \tag{5.3}$$

某一裂解产物的比能量消耗(SEC)由放电功率(P)和产物生成率($Q_0[\mathrm{Pro}]$)获得:

$$\mathrm{SEC(kJ/L)} = \frac{P \times 60 \times 10^{-3}}{Q_0[\mathrm{Pro}]} \tag{5.4}$$

图 5.15(a)显示了不同空气流量条件下比能量密度的变化。空气流量从 50 SLM 增加到 200 SLM,其比能量密度从 0.35 kJ/L 下降到 0.1 kJ/L。高速来流条件下,反应区能够转化的有效能量下降,这与裂解产物总的碳浓度变化趋势一致。不同空气流量条件下,CH_4、C_2H_4 和 C_2H_2 三种产物的比能量消耗(SEC)的变化曲线如图 5.15(b)所示,CH_4、C_2H_4 和 C_2H_2 的比能量消耗分别从 14.0 kJ/L 增加到 188.7 kJ/L,从 13.5 kJ/L 增加到 160.2 kJ/L,从 156.0 kJ/L 增加到 432.1 kJ/L。可见,空气流量的增加导致反应区能够转化的有效能量减少,而单位裂解产物消耗的能量增加。为提高等离子体辅助燃油裂解的效率,必须提高燃油在等离子体区域的有效滞留时间。

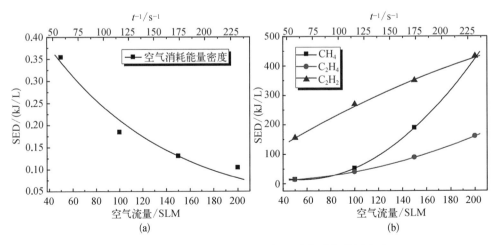

图 5.15　空气流量和滞留时间对(a)空气消耗能量密度
(b)CH_4、C_2H_4 和 C_2H_2 的能量消耗的影响

5.2.4　滑动弧等离子体助燃机理分析

滑动弧等离子体助燃机理如图 5.16 所示。对于喷雾燃烧,低温、贫燃条件下燃油雾化蒸发特性显著恶化,燃烧反应区的有效当量比下降,引起燃烧化学反应速率降低,火焰传播速度下降。在湍流脉动作用下,火焰根部首先出现燃烧不稳定,表现为火焰抬升和局部熄火,并出现火焰面断裂,火焰锋面缩小。燃烧反应区减小意味着释热率下降,缺乏足够的热量用于点燃新鲜油气混合物。同时,低温条件下油气混合物的自点火时间增加,造成局部熄火概率上升,进一步加剧火焰抬升现象,局部熄火比例继续增大,并最终导致熄火。

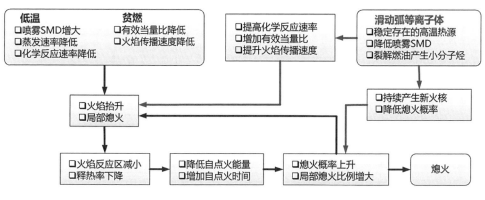

图 5.16　滑动弧等离子体助燃机理

滑动弧等离子体能够促进燃油初次雾化和二次雾化过程,改善雾化蒸发质量,增加燃烧区域的有效当量比。滑动弧等离子体作用下,煤油大分子裂解重整,生成 CH_4、C_2H_4 和 C_2H_2 等小分子烃,提高化学反应速率和火焰传播速度,维持高强度火焰,抵抗湍流脉动造成的火焰淬熄。同时,滑动弧等离子体作为稳定存在的高温热源,能够在油气混合物中持续产生新的火核。尤其是火焰根部,发生火焰抬升的区域与滑动弧等离子体作用区基本重合。滑动弧等离子体能够降低熄火概率,消除火焰抬升,增强火焰稳定性。

5.3　基础燃烧室旋流滑动弧等离子体助燃实验研究

本节主要对比了旋流滑动弧等离子体作用下基础燃烧室的熄火边界,研究了旋流滑动弧等离子体作用下基础燃烧室的喷雾场和 OH‑PLIF 信号,分析滑动弧等离子体拓宽基础燃烧室熄火边界的机理。

5.3.1　熄火边界对比

旋流滑动弧等离子体油气活化激励器实现了等离子体激励器与钝体燃烧器集

成,避免了外加激励器部件对流场和喷雾场造成影响。不同来流条件下基础燃烧室贫油熄火极限当量比如图 5.17 所示,可直观对比等离子体对熄火边界的拓宽效果。空气流量 100 SLM 时,滑动弧等离子体作用下的熄火极限当量比是1.32,与常规熄火极限 1.47 相比,拓宽了 10%。随着空气流量的增加,熄火边界得到拓宽。空气流量 600 SLM 时,滑动弧等离子体作用下的熄火极限 0.36,常规熄火极限当量比 0.41,同样拓宽熄火边界约 12%,证明滑动弧等离子体具有良好的助燃效果,但不改变熄火边界总的变化趋势。下面将从喷雾场、流场和OH‐PLIF 信号三个方面,对滑动弧等离子体拓宽基础燃烧室熄火边界的机理进行分析。

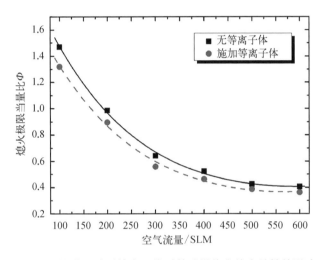

图 5.17　旋流滑动弧等离子体对基础燃烧室熄火特性的影响

5.3.2　等离子体对喷雾特性的影响

　　LIF 信号作为燃油液滴的激光激发信号,能够直接反应喷雾液滴的分布情况,图 5.18 显示了常温条件下空气流量 200 SLM,供油压力 0.2 MPa,滑动弧等离子体作用下燃油喷雾的 LIF 信号变化。左图为无滑动弧放电,燃油液滴从喷嘴喷出后随旋流空气扩散到整个燃烧室,喷雾锥角的内外两侧都能够观测到大量液滴存在。右图为滑动弧等离子体作用下的喷雾,能够观察到滑动弧放电通道在钝体和燃烧室内壁之间形成。右图中的燃油液滴主要集中在喷雾锥角上,锥角内侧和外侧的燃油液滴几乎消失,喷雾锥角的张开角度也得到扩张。煤油的 LIF 信号与液滴的体积成正比,LIF 信号的变化可能是由于燃油液滴在等离子体作用下进一步破碎变小,甚至大部分液滴蒸发成为煤油蒸气,从而无法观测到。喷雾锥角上的煤油含量较高,浓度较大,大液滴团块和液膜无法被完全打碎。

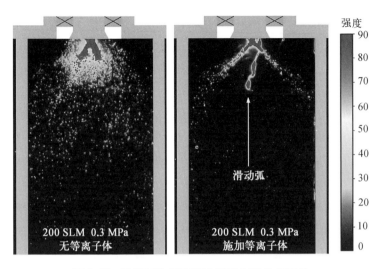

图 5.18　滑动弧作用下燃油喷雾 LIF 信号对比
（AFR = 200 SLM，P_{inj} = 0.2 MPa）

空气流量 200 SLM，供油压力 0.2 MPa，常温（T_{air} = 20℃，T_{fuel} = 20℃）和低温（T_{air} = −30℃，T_{fuel} = −30℃）条件下，滑动弧等离子体对煤油喷雾场作用效果见图 5.19。对比发现，滑动弧等离子体能够改善喷雾分布特性，显著降低喷雾的 SMD。低温条件下，在燃烧室头部能够观测到喷雾 SMD 超过 120 μm 的大片区域；滑动弧等离子体作用下，喷雾 SMD 超过 120 μm 的区域大幅减小，主要集中在喷雾锥角上，燃烧室内大部分区域分布着 SMD 约 40 μm 的小液滴，喷雾质量显著提高。滑动弧放电过程中，通过快速放热机制释放大量的热，可以降低燃油黏性，减小表面张力，促进燃油初次雾化。

多相液雾、蒸气燃烧火焰传播速度 S 可表示为

$$S = \alpha_g \left[\frac{C_3^2 (1-f) \rho_F D_{32}^2}{8 C_2 \rho_G \ln(1+B)} + \frac{\alpha_g^2}{S_L^2} \right] \tag{5.5}$$

式中，α_g 是完全蒸发的煤油和空气混合物的热扩散系数；f 为初始煤油蒸气的百分比；S_L 是层流燃烧速度[9]。

喷雾燃烧的火焰传播速度 S 实际上是两个参数的总和：第一项代表蒸发速率，主要受燃油喷雾质量和蒸发特性影响；第二项代表化学反应速率，取决于温度和当地有效当量比。低温环境下火焰传播速度降低，在湍流度增大、热量损失加剧的情况下，熄火概率增大。滑动弧等离子体通过改善雾化质量，降低燃油粒径，加速蒸发，提高喷雾燃烧的火焰传播速度，拓宽熄火边界。

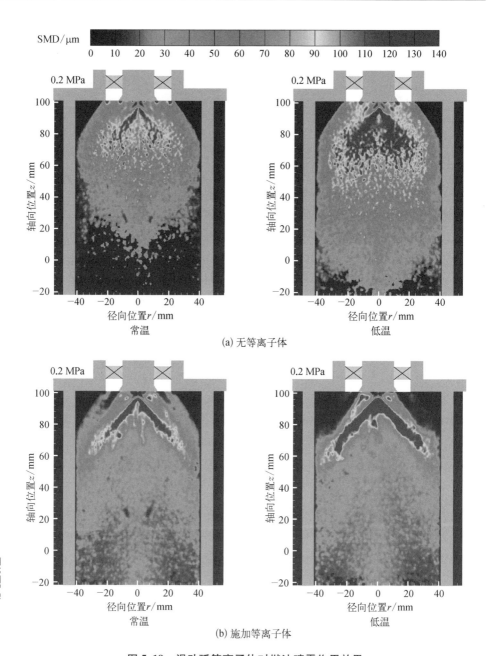

图 5.19　滑动弧等离子体对燃油喷雾作用效果

5.3.3　OH - PLIF 测量结果对比

供油压力 0.13 MPa,基础燃烧室内火焰 OH - PLIF 发光信号随空气流量变化见图 5.20。图中分别显示了常规喷雾燃烧和滑动弧等离子体辅助喷雾火焰的瞬时(instantaneous,Ins)和 100 张平均(average,Ave)OH 发光信号分布。OH 集中分

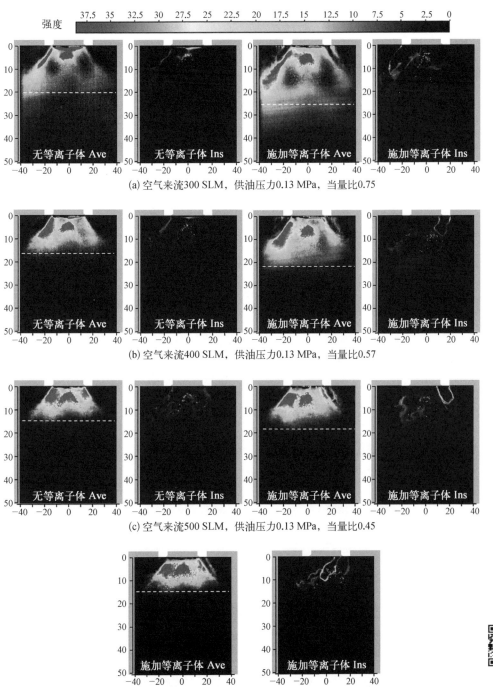

(a) 空气来流300 SLM，供油压力0.13 MPa，当量比0.75

(b) 空气来流400 SLM，供油压力0.13 MPa，当量比0.57

(c) 空气来流500 SLM，供油压力0.13 MPa，当量比0.45

(d) 空气来流600 SLM，供油压力0.13 MPa，当量比0.38

图 5.20　基础燃烧室内火焰 OH - PLIF 随空气流量变化

布在反应区的高温产物中,通常表征燃烧反应区。图中可见,喷雾燃烧火焰锋面呈现极其不规则的褶皱结构,这是流场、喷雾场和高温火焰三者彼此影响的结果。空气流量增加,常规火焰的 OH 信号区域开始缩小,OH 信号区域的前锋位置由 300 SLM 的 20 mm 左右,缩短到 500 SLM 时约 15 mm 位置处。同时,火焰锋面的褶皱程度增强。这是由于流量增加后,一方面造成当量比下降,火焰本身强度降低;另一方面,空气流量增大后,强湍流引起火焰面褶皱、断裂、脱落,导致火焰传播的不稳定甚至终止,局部熄火概率增加。同时,空气流速增加引起中心压强降低,燃烧高温产物聚拢,导致 OH 分布区缩小变薄。

滑动弧等离子体作用下,火焰 OH 发光信号增强,空气流量 300 SLM 时,OH 信号前锋维持在约 25 mm 位置;空气流量 500 SLM 时,OH 信号前锋维持在约 20 mm 位置,比常规火焰前锋延长 25%~30%。空气流量增大到 600 SLM 时,常规喷雾火焰已经熄灭,滑动弧等离子体作用下的喷雾火焰仍然维持。在瞬时图像中,能够清晰地观测到滑动弧放电与火焰锋面并存。滑动弧等离子体释放大量的热,作为稳定存在的热源,不断产生新的火核,弥补高速气流造成的局部火焰淬熄。同时,滑动弧放电产生以 OH 自由基为代表的多种活性粒子,能够改变化学反应路径,促进燃烧化学反应。

图 5.21 显示了空气流量不变(400 SLM),燃烧室内火焰 OH 发光信号随供油压力的变化。供油压力降低,OH 信号强度减弱,火焰前锋不断退缩。煤油流量减小,燃烧室全域当量比下降;供油压力降低,喷雾质量恶化,有效当量比下降,导致火焰传播速度减小,火焰前锋缩短。供油压力 0.13 MPa 时,燃烧室全域当量比 0.47,此时常规火焰无法维持。滑动弧等离子体作用下,喷雾火焰 OH 信号前锋得到显著延长。旋流滑动弧能够有效拓宽贫油熄火极限,通过等离子体的热效应和气体动力学效应,改善燃油雾化质量,增大火焰锋面处有效当量比,提高火焰传播速度,实现燃烧强化。

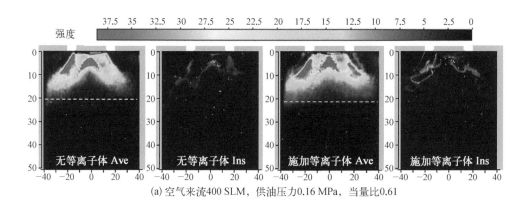

(a) 空气来流400 SLM,供油压力0.16 MPa,当量比0.61

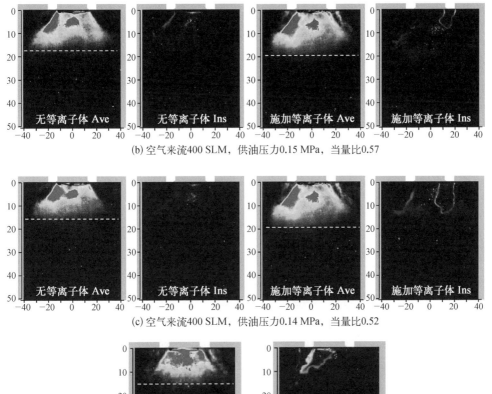

(b) 空气来流400 SLM，供油压力0.15 MPa，当量比0.57

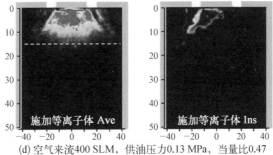

(c) 空气来流400 SLM，供油压力0.14 MPa，当量比0.52

(d) 空气来流400 SLM，供油压力0.13 MPa，当量比0.47

图 5.21　基础燃烧室内火焰 OH‑PLIF 信号随供油压力变化

5.4　高空极端条件旋流滑动弧等离子体助燃研究

本节在高空环境模拟试验系统中进行低温、低压极端条件下旋流滑动弧等离子体辅助燃烧实验，重点研究旋流滑动弧等离子体作用下的燃烧室熄火边界，与常规熄火边界进行对比，验证旋流滑动弧等离子体油气活化拓宽熄火边界的效果。燃烧室着火后以 0.05 g 的步长降低燃油流量，5 s 内火焰无法维持燃烧，则认定熄火。

5.4.1　旋流滑动弧等离子体油气活化激励器

设计与部件级燃烧室相结合的旋流滑动弧等离子体油气活化激励器，如图

5.22所示。滑动弧放电在高压电极、主涡流器及文氏管之间产生,在涡流器旋转气流的作用下,周期性重复击穿、拉长、消失和再击穿过程。滑动弧随气流沿周向旋转,增大作用面积,能够覆盖喷嘴出口的全部区域。

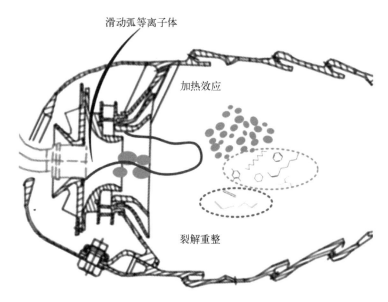

滑动弧等离子体

加热效应

裂解重整

图 5.22　旋流滑动弧等离子体油气活化激励器示意图

5.4.2　不同高度下的熄火特性研究

调节高空环境模拟试验系统的低温部件和低压部件,模拟地面状态以及海拔2 km、4 km、6 km、8 km 和 10 km 的高空条件进行燃烧室熄火特性研究,获得不同高度条件下熄火边界对比如图 5.23 所示。随着高度的增加,燃烧室进口的温度和压力逐渐降低,贫油熄火极限油气比不断增加。对于常规熄火边界,地面状态的贫油熄火极限为 0.016,到了高空 10 km 条件下,贫油熄火极限为 0.071,增加了344%。贫油熄火油气比增加的速度随着高度的上升而加快,在 0~2 km 时,熄火油气比几乎不变,4 km 以上,熄火油气比呈指数上升。与常规熄火状态相比,滑动弧等离子体能够拓宽燃烧室的熄火边界。地面状态时,滑动弧等离子体作用下的熄火边界为 0.014,拓宽贫油熄火边界 12%;低温、低压条件下效果更加显著,高空 6 km 时,贫油熄火边界拓宽 20%;高空 10 km 时,滑动弧等离子体作用下的熄火边界为 0.051,贫油熄火边界拓宽将近 30%。地面状态空气流量大,相同油气比下,供油流量大,雾化较为充分;高空状态空气流量小,供油流量低,雾化质量恶化。因此,滑动弧等离子体改善雾化、促进燃烧作用在高空条件下更加明显。

基于大量燃烧室贫油吹熄数据,得到贫油吹熄油气比公式:

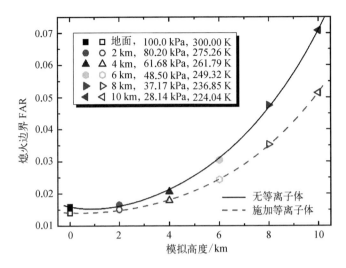

图 5.23　不同高度模拟条件下熄火边界对比

$$q_{LBO} = \frac{A}{V_{pz}} \cdot \frac{\dot{m}_A}{P_3^{1.3} \exp(T_3/300)} \cdot \frac{D_r^2}{\lambda_r H_r} \qquad (5.6)$$

点火油气比公式和熄火油气比公式基本相同,区别在于压力指数,对于点火经验公式是 $P_3^{1.5}$,而熄火经验公式是 $P_3^{1.3}$。高空条件下,P_3 和 T_3 降低,雾化蒸发质量差,D_r 增大,贫油熄火油气比迅速增大。

为进一步研究低温、低压环境对熄火边界的影响,探索滑动弧等离子体对燃烧室熄火边界的作用机制,分析了燃烧室在不同工况下的 CH^* 自发光信号。地面起动状态和高空 10 km 条件下的燃烧室 CH^* 时均信号如图 5.24 和图 5.25 所示。对于常规燃烧,CH^* 强度较高的火焰区和释热区集中分布在主燃区,而靠近喷嘴头部区域和燃烧室出口区域强度较弱。主燃区的主要功能是稳定火焰,并提供足够的时间、温度以及湍流度,以实现油气混合物的完全燃烧。主燃区能够建立旋涡反向气流,将一部分热的燃烧气体卷吸回流,为不断进入的空气和燃气提供连续点火。

随着燃烧室内油气比下降,CH^* 信号强度降低,火焰区和释热区域朝喷嘴方向移动,临近熄火边界时($FAR = 0.016$),CH^* 信号集中在喷嘴头部附近。高空条件下,CH^* 信号减弱,强度只有地面状态的 1/3 左右。滑动弧等离子体作用下,喷嘴头部位置形成高强度 CH^* 信号区域,燃烧室 CH^* 信号强度增大。临近熄火边界状态下($FAR = 0.016$),等离子体助燃产生的高强度 CH^* 信号区域是常规燃烧的两倍以上。进一步降低油气比(地面状态 $FAR = 0.014$,10 km 高度 $FAR = 0.052$),常规燃烧已经熄灭,而滑动弧等离子体作用下的燃烧室仍然维持燃烧。

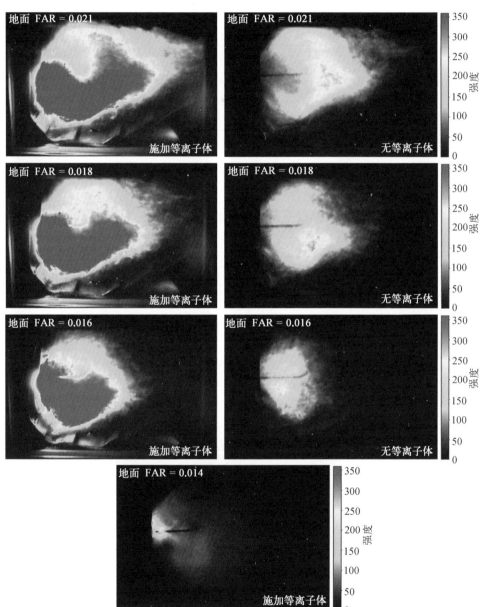

图 5.24　地面起动条件下 CH* 发光特性随当量比变化

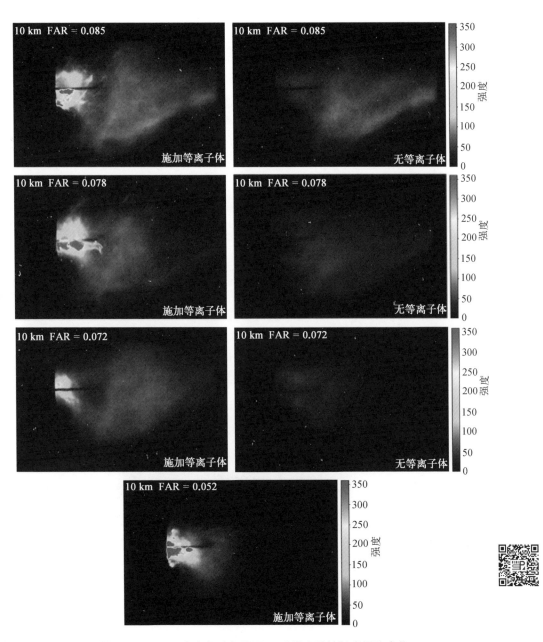

图 5.25　10 km 高空起动条件下 CH* 发光特性随当量比变化

当燃烧区域释放的热量不足以将新鲜油气混合物加热到反应所需要的温度时,会发生熄火。熄火时,先出现局部熄火,随着熄火频率增大,局部熄火的比例增加,进而出现火焰面整体断裂,最终全局熄火。低温、低压、贫油条件下,燃烧化学反应速率降低,释热率降低。低温来流加剧了辐射损失和湍流耗散的热量,同时,燃油喷雾质量恶化,雾化蒸发消耗大量的热量。此消彼长,低温、低压环境下局部熄火的频率大幅增加,并最终导致全局熄火。

滑动弧放电的热效应和气动效应能够辅助燃油雾化,降低燃油喷雾的平均粒径。滑动弧放电形成非平衡等离子体活性粒子源,一方面,这些活性粒子能够直接参与燃烧化学反应,加快反应速率;另一方面,燃油与空气混合物穿过滑动电弧区域,在高能电子、激发态分子的碰撞下断键、脱氢、重整,形成大量更易于燃烧的轻质烃。更重要的是,滑动弧放电期间,形成一个稳定存在的高温热源,持续不断地引燃新鲜油气混合物。当低温、低压和贫油环境下导致局部熄火频率增大时,存在一个持续高温热源,能够最大限度降低熄火概率。理论上,只要燃烧室内的油气混合物处于可燃极限内,则能够维持稳定燃烧。

维持供油流量 2.5 g/s 不变,获得地面状态以及海拔 2 km、4 km、6 km、8 km 和 10 km 的高空条件下燃烧室 CH^* 时均信号,如图 5.26 所示。随着高度的增加,燃烧室进气量减小,燃油流量不变时,燃烧室内油气比不断增大,但受到低温、低压环境影响,CH^* 发光强度不断减小。在地面状态,由于油气比较高,燃烧比较充分,等离子体作用效果不明显。随着高度的增加,温度、压力环境恶化,燃烧趋于不稳定,常规燃烧的 CH^* 发光强度减弱,滑动弧等离子体辅助燃烧效果显著,使燃烧区域明显增强。

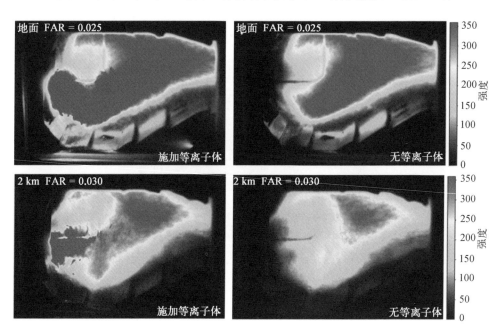

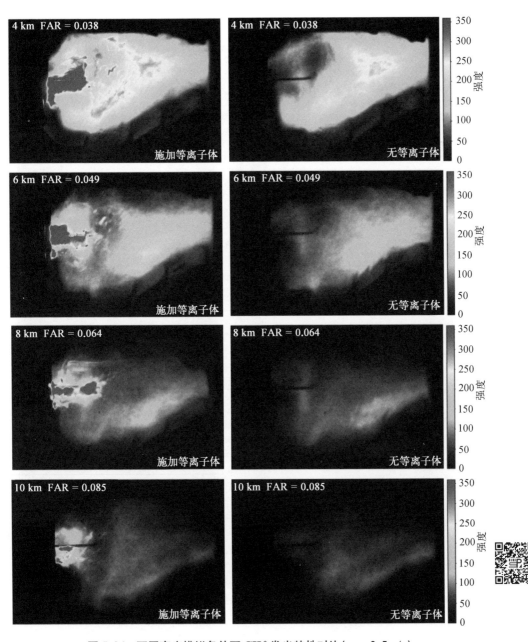

图 5.26　不同高度模拟条件下 CH* 发光特性对比 ($m_f = 2.5$ g/s)

与图 5.26 的工况相对应,采用数码相机(Canon EOS 60D)获得燃烧室稳定燃烧状态的照片如图 5.27 所示(曝光时间 0.5 ms)。地面状态下,两者的火焰覆盖区域基本一致,等离子体效果并不明显。随着高度上升,环境条件恶化,火焰覆盖区域逐渐缩小,火焰由明黄色变暗。常规燃烧,高度 4 km 时开始出现淡蓝色火焰,并逐步扩大;高度 10 km 时燃烧室内基本为淡蓝色火焰,明亮的黄色火焰仅仅维持在一小块区域,燃烧趋于不稳定。高度 10 km 时,滑动弧等离子体辅助燃烧效果显著,使燃烧室内大部分区域被明亮的黄色火焰占据,促进燃烧稳定,证明滑动弧等离子体能够有效扩宽高空极端条件下的熄火边界。

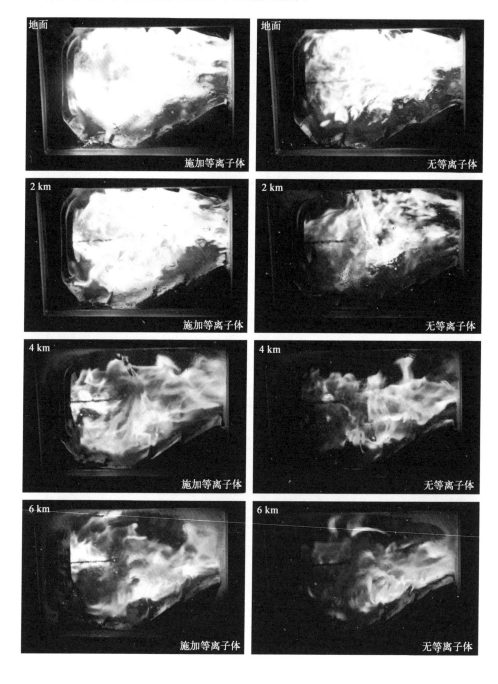

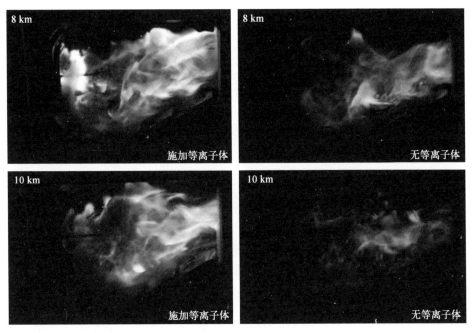

图 5.27　不同高度模拟条件下燃烧室火焰状态(m_f = 2.5 g/s)

参考文献

［1］　Gangoli S P. Experimental and modeling study of warm plasmas and their applications［M］. Ann Arbor：ProQuest，2007.

［2］　Shanbhogue S J，Husain S，Lieuwen T. Lean blowoff of bluff body stabilized flames：Scaling and dynamics［J］. Progress in Energy and Combustion Science，2009，35(1)：98-120.

［3］　Cavaliere D E. Blow-off in gas turbine combustors［D］. Cambridge：University of Cambridge，2014.

［4］　Ju Y，Sun W. Plasma assisted combustion：dynamics and chemistry［J］. Progress in Energy and Combustion Science，2015，48：21-83.

［5］　于锦禄，黄丹青，王思博，等.等离子体点火与助燃技术在航空发动机上的应用［J］.航空发动机，2018，44(3)：12-20.

［6］　Ombrello T，Ju Y，Fridman A. Kinetic ignition enhancement of diffusion flames by nonequilibrium magnetic gliding arc plasma［J］. AIAA Journal，2008，46(10)：2424-2433.

［7］　Ju Y，Lefkowitz J K，Reuter C B，et al. Plasma assisted low temperature combustion［J］. Plasma Chemistry and Plasma Processing，2016，36(1)：85-105.

［8］　刘亮.无焰燃烧及煤油自动着火过程的数值模拟［D］.合肥：中国科学技术大学，2008.

［9］　Ballal D R，Lefebvre A H. Flame propagation in heterogeneous mixtures of fuel droplets，fuel vapor and air［J］. Symposium（International）on Combustion，1981，18(1)：321-328.

第6章
亚燃冲压燃烧室等离子体流场调控研究

亚燃冲压燃烧室火焰稳定器通常采用机械结构诱导产生低速回流区,促进油气掺混,实现火焰稳定。高空低气压条件下回流区明显减小,降低了油气掺混与火焰稳定性能。为此,提出蒸发式火焰稳定器尾缘脉冲电弧等离子体激励方法,研究等离子体激励对稳定器下游流场特性的影响规律,探索脉冲电弧等离子体激励调控流场、促进油气掺混的机理。

6.1 低气压环境蒸发式火焰稳定器流场特性

6.1.1 实验系统与方法

通过二元矩形燃烧室进行冷态流场实验,尺寸为:长 1 000 mm、宽 100 mm、高 150 mm,上壁面和侧壁面各开有一个石英玻璃窗口,窗口均为长 200 mm、宽 100 mm,分别用来透射激光和观察二维示踪粒子运动状态。蒸发式火焰稳定器结构如图 6.1 所示,稳定器展向长度为 100 mm,在稳定器盖板的展向两个截面(z_1 平面位于中轴线,z_2 平面距离 z_1 平面 15 mm)分别增加了石英玻璃片,方便激光入射到稳定器内部并照亮示踪粒子。稳定器安装于燃烧室截面的中心位置,其侧盖板也由石英玻璃制成,便于观测稳定器内部流场分布特性。脉冲电弧等离子体激励的电极布局如图 6.2 所示。等离子体激励采用参数化纳秒脉冲等离子体电源,输出电压为 0~20 kV,最大输出频率 100 kHz,脉宽 0~1 ms 连续可调,上升沿与下降沿最快可达 50 ns,最慢 1 500 ns。

采用二维粒子图像测速(particle image velocimetry,PIV)系统测量火焰稳定器沿 x-y 平面的冷态流场,测试系统原理与设备如图 6.3 所示。

在不同来流速度下火焰稳定器下游的回流区结构变化很小,回流区结构与尺寸特征主要受燃烧室进口压力的影响[1],因此开展燃烧室低压环境下脉冲电弧等离子体激励调控稳定器流场特性研究,实验中进口速度为 10 m/s。冷态流场实验的燃烧室进口温度为 298 K,进口压力为 30~97 kPa,进口速度为 10 m/s,进口雷诺数为 $1.88×10^4$~$6.08×10^4$。分别选取火焰稳定器展向的两个平面(z_1 和 z_2)作为拍

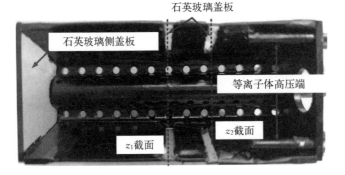

图 6.1　基于等离子体流场调控的蒸发式稳定器

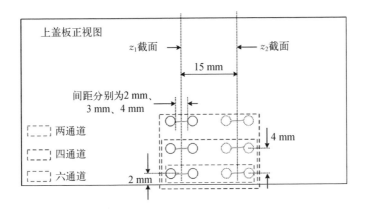

图 6.2　等离子体激励电极布局示意图

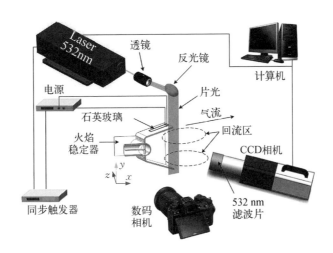

图 6.3　二维 PIV 实验系统原理图

摄截面,分别选取 3 种放电间距(2 mm、3 mm 和 4 mm)和 3 种放电通道数(分别为两通道、四通道和六通道)来研究对放电间距和通道数对流场调控的影响。等离子体的激励电压越高,流场激励强度越大[2]。等离子体激励电压为 20 kV,脉宽为1 000 ns,上升沿和下降沿为 200 ns,选取 2 种激励频率,为了测量流场对单次等离子体脉冲激励的响应效果(锁相流场),频率选为 1 Hz,由单次激励的响应时间(约2 ms),确定激励频率为 500 Hz,进行时均流场等离子体激励调控实验。

为获得等离子体激励后气流响应的瞬态和稳态特性,分别采用锁相和时均方法拍摄二维测量平面的示踪粒子,拍摄采取双帧双曝光模式,锁相时通过数字延时/脉冲发生器来调整等离子体放电和记录图像的时间间隔,时间精度小于 1 μs。后处理得到流向速度云图和流线如图 6.4 所示,进口压力为 97 kPa,速度为 10 m/s。

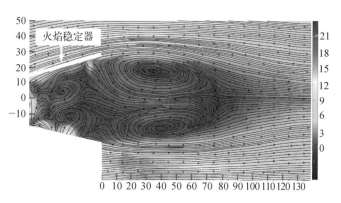

图 6.4   火焰稳定器流向速度云图($P = 97$ kPa, $t = 298$ K, $V = 10$ m/s)

6.1.2   低气压环境基准流场特性

本节主要探究燃烧室进口压力对流场特性(包括回流区尺寸与滞留时间等参数)的影响,研究了进口压力对涡核位置、回流区长度、回流区面积及燃气滞留时间的影响规律。

首先,关闭等离子体激励,仅改变燃烧室进口压力,获得不同燃烧室进口压力下蒸发式火焰稳定器的基准流场,如图 6.5 所示。气流在蒸发式火焰稳定器盖板的外侧尾缘处发生附面层分离,在蒸发式火焰稳定器二次进气孔及分布管小孔的双重气流作用下,在稳定器内部及下游分别出现了两对近似对称的涡结构,即回流区。稳定器内部的一对涡尺寸更小,下游的一对涡尺寸更大,将下游两个涡核分别称为涡核 A 与涡核 B,在流向上涡核 B 位于涡核 A 的下游。火焰稳定器的剪切层从稳定器尾缘处开始发展,沿着稳定器外侧主流与回流区的交界向下游弯曲延伸,剪切层有大尺度涡持续脱落,涡脱落增强了主流与回流区的相互作用,剪切应力增强,有利于增强掺混。

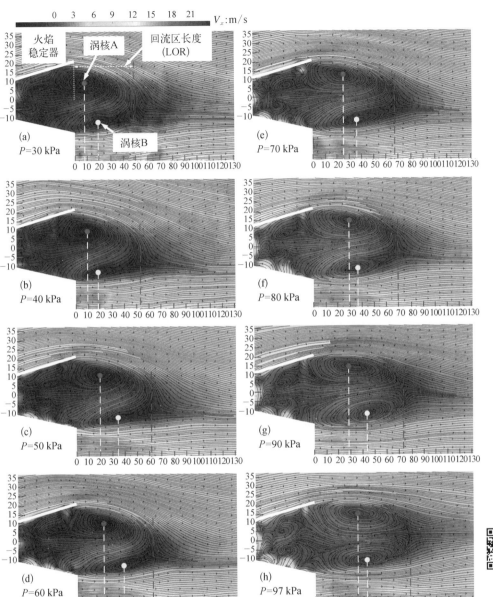

图 6.5 不同燃烧室进口压力下稳定器的时均速度(x 方向)

以流线来定义回流区长度(length of recirculation zone,LOR):回流区中距离剪切层最近的流线,在接近中轴线处会折返并流向上游,该流线与稳定器尾缘的最长距离即为回流区长度。定量分析涡核 A、涡核 B 与稳定器尾缘之间的距离(分别以 LOA、LOB 表示)以及 LOR 随燃烧室进口压力的变化,如图 6.6 所示,回流区尺寸随着进口压力的下降而缩小,这与文献中的研究结果一致[3,4]。涡核 A 的尺寸更大,位置更接近稳定器尾缘,相反地,涡核 B 的尺寸更小,位置更靠近稳定器下游,但两个涡核与稳定器尾缘的距离均随进口压力的提高而增加。进口压力由 40 kPa提高至 80 kPa,涡核 A 与稳定器尾缘的距离(LOA)由 9 mm 增加至 29 mm,增加约222%,而涡核 B 与稳定器尾缘的距离(LOB)由 19 mm 增加至 38 mm,增加 100%。由于涡结构的变化,回流区长度也随着进口压力的增加而增加,在进口压力低于70 kPa 时,LOR 随进口压力的降低显著缩小,进口压力为 70 kPa 时 LOR 约为70 mm,而当进口压力下降至 40 kPa 时,LOR 缩短为 53 mm,缩短 24.3%。低气压下回流区缩短,回流区长度缩短,导致稳定器下游形成的低压低速区域缩小,不利于能量传递及火焰稳定。

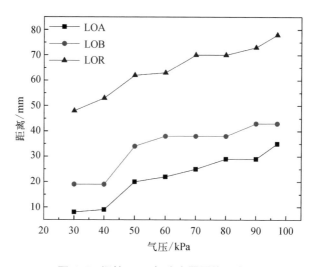

**图 6.6 涡核 A、B 与稳定器尾缘距离及
回流区长度随进口压力的变化**

燃气在回流区的滞留时间(τ_{sl})是点火成功的前提,直接决定火焰能否形成并自持燃烧,滞留时间(τ_{sl})定义为回流区长度与燃烧室进口速度之比。回流区面积(area of recirculation zone,AOR)定义为速度场中负值速度区域的面积。滞留时间(τ_{sl})与回流区面积(AOR)随进口压力的变化如图 6.7 所示,滞留时间随进口压力的提高而增加,与回流区长度的变化趋势相同,当进口压力为 40 kPa 时,滞留时间为 5.3 ms,进口压力提高至 70 kPa,滞留时间增加至 7 ms,增加约 32.1%,AOR 与进口压力近似呈线性关系。低气压下(尤其燃烧室进口压力小于 70 kPa 时),回流区长度、回流区面积及混合物在回流区内的滞留时间大幅降低,在点火源及其他参数不变的前提下,若要在低气压下成功点火并在火焰稳定器内形成自持火焰,需增加油气混合物在回流区(剪切层)内的滞留时间。

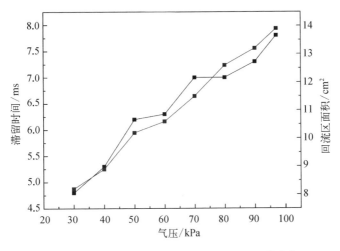

图 6.7　滞留时间及回流区面积随进口压力的变化

6.2　脉冲电弧放电等离子体激励特性

在火焰稳定器展向两个截面同时施加等离子体激励,得到速度为 10 m/s 时不同气压下放电图像如图 6.8 所示,放电间距为 3 mm。气压为 97 kPa 时,可以看到两条明亮的电弧等离子体通道,随着气压下降至 60 kPa,等离子体亮度显著减弱,主要原因是击穿电压随着气压的降低而降低(在放电间距不变时),在达到电源输

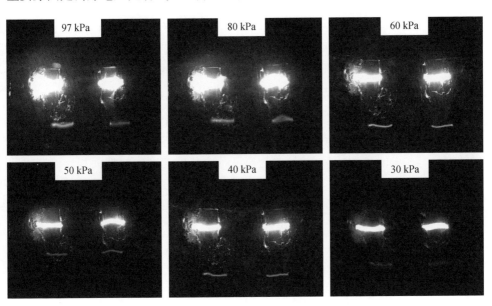

图 6.8　不同气压条件下展向两通道布局放电示意图

出电压设定值(20 kV)之前,电极之间便已击穿放电,单脉冲放电能量减弱。气压继续降低至 30 kPa,电弧等离子体通道的亮度进一步变小,由于光强显著减弱,可明显看出两条细小的放电等离子体弧柱。

为了增强单脉冲放电能量,提升流场调控效果,在稳定器的上、下盖板沿 z_1 截面分别布置了三组放电电极,共六个放电通道。六组电极实现同步击穿,获得六通道放电图像如图 6.9 所示。气压为 60 kPa 时的放电亮度,比 97 kPa 下稍有减弱。

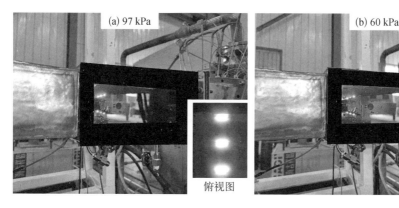

图 6.9　流向六通道布局放电示意图

测得 z_1 截面不同气压下的电流电压波形和单脉冲放电的放电能量,分别如图 6.10、图 6.11 所示。流向两通道、四通道、六通道分别表示在稳定器上、下盖板布置 1 组、2 组和 3 组电极。电压在 200 ns 左右由 0 突然升至约 19 kV,电极之间击穿形成放电通道后,电压骤然下降,同时电流迅速上升至约 140 A,单个脉冲放电周期约为 3 μs。放电通道由两通道增加至四通道,单脉冲放电能量显著增加,当放电通道由四通道增加至六通道时,放电能量增加不明显。气压为 60 kPa 时,两通道放

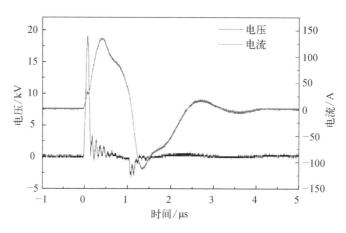

图 6.10　两通道放电时的电流、电压波形

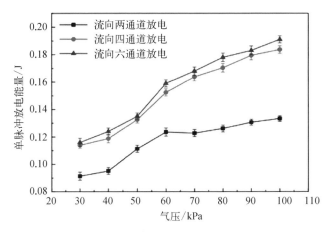

图 6.11　放电能量随气压的变化

电的放电能量为 123 mJ,四通道的放电能量为 152 mJ,相比两通道放电能量提升约 23.6%;六通道放电时的放电能量为 159 mJ,相比两通道放电提升约 29.3%。

6.3　脉冲电弧等离子体激励调控稳定器流场特性

本节主要开展等离子体激励位置(展向 z_1 和 z_2 截面)、放电间距以及放电通道数对流场的影响,重点研究火焰稳定器下游流场的相位平均速度、时均速度、时均涡量、回流区面积、回流区长度与燃气滞留时间等参数的变化规律,揭示等离子体激励调控稳定器下游流场的作用机理。

6.3.1　远场相均速度场分析

在展向 z_1 平面施加六通道脉冲电弧等离子体激励,每个放电通道的电极间距均为 3 mm,放电频率设为 1 Hz,调节进口压力为 70 kPa,获得火焰稳定器内部及下游沿 x 方向的相位平均速度场分布如图 6.12 所示。图 6.12(a)为关闭等离子体激励时的基准流场,图 6.12(b)为打开等离子体激励后 410 μs 时的流向相均速度场,玻璃片反光导致 PIV 对稳定器下盖板附近及以下部分粒子识别不准确,流场存在部分失真现象,因此重点分析稳定器上盖板尾缘及稳定器下游流场。相比于图 6.12(a),图 6.12(c)中的稳定器尾缘流线在等离子体激励后出现明显抬升并向上弯曲,等离子体激励使稳定器上盖板附面层在离开稳定器尾缘之前提前发生分离。

定量分析图 6.12 中涡核 A、涡核 B 与稳定器尾缘之间的距离以及回流区长度随等离子体激励时间的变化,如图 6.13 所示。施加等离子体激励后,涡核 A 与涡核 B 在 x 方向出现了来回振荡现象。$t=0$ μs 为关闭等离子体激励的初始状态,在 $t=410$ μs 时,涡核 B 向下游移动,LOB 由初始状态的 36 mm 增加至 51 mm,LOA 由

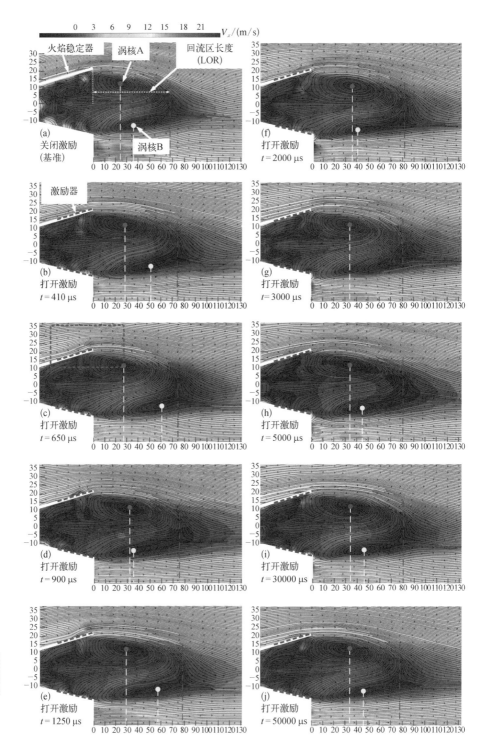

图 6.12　等离子激励对相位平均速度场分布(沿流向)的影响

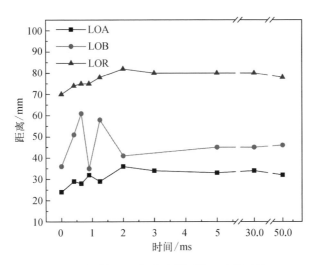

**图 6.13 涡核 A、B 与稳定器尾缘距离及回流区
长度随等离子体激励后时间的变化**

24 mm 增加至 29 mm。$t = 650$ μs 时涡核 B 继续向下游移动至最远处(LOB =
61 mm),而涡核 A 仅向上游略微移动了 1 mm。在 $t = 900$ μs 时,涡核 B 大幅向上游
移动至距尾缘最近处(LOB = 35 mm),相反地,涡核 A 则向下游移动了 4 mm(LOA =
32 mm)。在 $t = 1\ 250$ μs 时,涡核 A 向上游移动了 3 mm(LOA = 29 mm),而涡核 B
向下游移动了 23 mm(LOB = 58 mm)。在 $t = 2\ 000$ μs 时,涡核 A 与涡核 B 又开始大
幅地相向运动,两者的移动方向均与各自在 $t = 1\ 250$ μs 时的运动方向相反。在 $t =$
$3\ 000$ μs 时,涡核 B 未发展成完整的涡结构,在 $t = 5\ 000$ μs 时,涡核 B 重新出现完整
的回流中心。施加等离子体激励的 $5\ 000$ μs 以后,涡核 A 与涡核 B 距离稳定器尾缘
的距离基本维持在稳定器下游的某个位置,不再出现前后振荡现象。脉冲电弧等离
子体激励明显改变了脱落涡的尺寸,使稳定器下游的两个涡核沿流向出现往返振荡。

　　由于回流区中两个近似对称涡结构的往返振荡,回流区长度(LOR)随着等离
子体激励时间先增加($t < 2\ 000$ μs 时)、后缓慢减小($t > 2\ 000$ μs 时),并在 $t = 2\ 000$ μs
时达到最大值(LOR = 82 mm)。未施加等离子体激励时,LOR 为 70 mm,施加等离
子体激励 $2\ 000$ μs 后,回流区长度增加约 17.1%。因此,单个脉冲等离子体放电主
要在等离子体激励后的 $2\ 000$ μs 内对流场产生扰动效应。

　　滞留时间(τ_{sl})与回流区面积(AOR)随等离子体激励后时间的变化如图 6.14
所示,滞留时间与回流区面积随等离子体激励后时间的增加均呈现先增加后减小
的趋势。施加等离子体激励前,回流区面积为 11.5 cm^2,混合气滞留时间为 7 ms,
当等离子体激励后时间为 $t = 2\ 000$ μs 时,混合气滞留时间显著增加,增加至
8.2 ms,增加约 17.1%。回流区面积在施加等离子体激励后 $t = 3\ 000$ μs 达到最大

值($AOR = 12.9\ cm^2$),与未施加等离子体激励相比,回流区面积增加约 12.2%。在施加等离子体激励 3 000 μs 以后,由于等离子体激励对稳定器尾缘剪切层的扰动效应已基本结束,回流区面积与回流区时间均开始下降,这与回流区长度随时间的演变趋势非常接近。

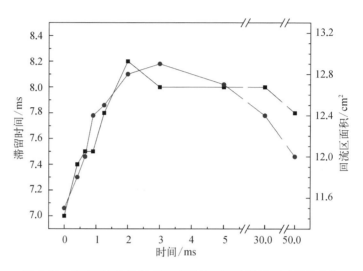

图 6.14　滞留时间与回流区面积随等离子体激励后时间的变化

6.3.2　近场相均速度场分析

图 6.15 为稳定器下游的整体流场分布,为进一步分析脉冲电弧等离子体激励扰动稳定器尾缘流场的作用机理,采用 200 mm 定焦微距镜头配合 CCD 相机进行拍摄,获得稳定器下游沿 x 方向的近场流场特征(视场范围为 20 mm×15 mm)随施加等离子体激励时间的变化,红色箭头为流线的整体变化趋势,表示附面层的运动趋势。图 6.15(a)为关闭等离子体激励时的基准流场,附面层在稳定器尾缘处发生分离,流线向稳定器下游平稳弯曲。打开等离子体激励,在 $t = 410\ \mu s$ 时,流线在靠近稳定器尾缘上游处明显向上弯曲,同时由于脉冲等离子体具有脉冲放电时间短(约 1 μs)、瞬时电场电势高的特性,放电瞬间会产生压力波及局部温度骤增,边界层内涡量增大,在边界层内有更多的大尺度涡,因此在边界层顶部诱导了一个向下游的速度,即高速区(如图中红色虚线所示)[5, 6]。

该高速区随着等离子体激励后时间先逐渐增大然后逐渐减小,在 $t = 1\ 250\ \mu s$ 及 $t = 2\ 000\ \mu s$ 时,高速区的面积接近最大,流线的弯曲程度也达到最大,在 $t = 3\ 000\ \mu s$ 之后,高速区的面积逐渐缩小,$t = 5\ 000\ \mu s$ 时的流场与图 6.15(a)中未施加等离子体激励的近乎相同,高速区几近消失,流线变为平滑向下游弯曲,这也充分说明了脉冲电弧等离子体激励对流场的扰动在时间上具有瞬态特性。

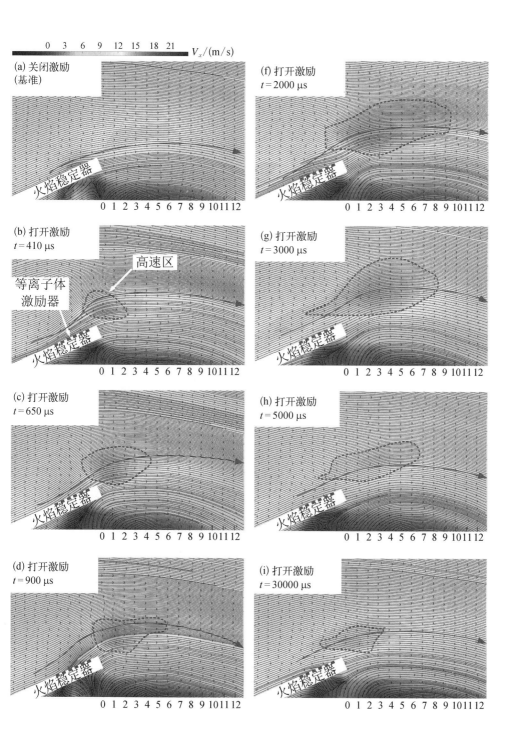

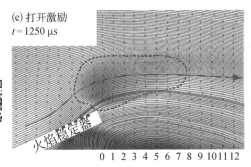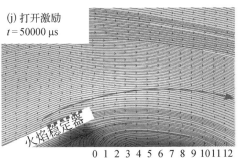

图 6.15 稳定器尾缘沿 x 方向的近场流场结构随施加等离子体激励时间的变化

等离子体激励在稳定器尾缘诱导产生高速区,一方面增加了主流横向速度,增强了剪切层与回流区的相互作用,有利于剪切层中新鲜空气进入稳定器下游回流区,促进回流区内燃气掺混;另一方面,高速区显著增加了尾缘处的涡量,从而增加了脱落涡的尺寸,使得回流区中两个涡核沿流向出现高频往返振荡,并将涡核向下游"推动",从而增加了回流区的尺寸以及混合气的滞留时间。

6.3.3 时均速度场分析

根据等离子体激励调控尾缘流场的相位平均流场结果,等离子体的流场调控效应主要发生在放电激励后 2 ms 内,故将等离子体激励频率增加至 500 Hz,其他参数不变,获得火焰稳定器下游沿流向的时均速度场分布如图 6.16 所示。与相均流场结果不同的是,由于施加了高频(500 Hz)等离子体激励,持续诱导压力与温度脉动,在稳定器尾缘外侧诱导产生局部高速气流,方向与来流方向夹角在 30° ~ 45°,高速气流形成虚拟"型面"(图中红线),有利于扩大回流区尺寸。

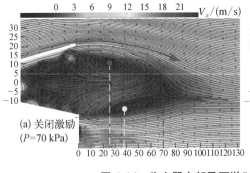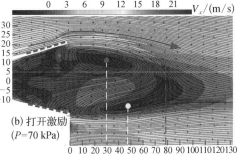

图 6.16 稳定器内部及下游时均速度场分布($P = 70$ kPa)

对图 6.16 中稳定器后的回流区特征进行分析,得到时均速度场中的涡核位置以及回流区长度如图 6.17 所示。从定量结果来看,施加脉冲电弧等离子体激励可以显著增加涡核与稳定器尾缘的距离,LOA 由 25 mm 增加至 29 mm,增加 16%;LOB 由 38 mm 增加至 47 mm,增加约 23.7%;回流区长度 LOR 由 70 mm 增加至 78 mm,增加约 11.4%,增加回流区长度意味着混合气在回流区内的滞留时间更长。混合气在回流区的滞留时间越长,点火成功概率越高,火焰越不容易被吹熄,在燃烧室进口参数与点火源等其他参数不变的情况下,有助于增强火焰稳定器的点火性能[7, 8]。

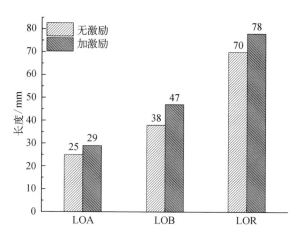

图 6.17　激励前后涡核 A/B 与稳定器尾缘的
横向距离及回流区长度对比

6.3.4　时均涡量场分析

火焰稳定器下游沿展向的涡量场如图 6.18 所示,主流经过稳定器尾缘后发生附面层分离,出现典型的旋涡脱落现象,在上、下两侧形成一对大小相近,方向相反的涡量。图中黑色虚线表示涡量等值线,红色虚线部分表示稳定器上盖板等离子体激励位置附近的涡量,施加等离子体激励可明显增强稳定器尾缘及下游的涡量,从而减小旋涡脱落的频率。由速度场分布看出,施加等离子体并未在稳定器尾缘诱导产生新的旋涡,但可以增大稳定器下游脱落涡的尺寸,脱落涡尺寸增大以及涡量的增加使得稳定器下游回流区尺寸扩大,长度均有增加。

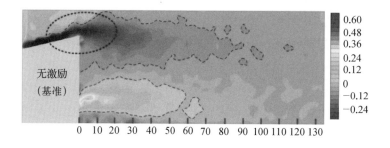

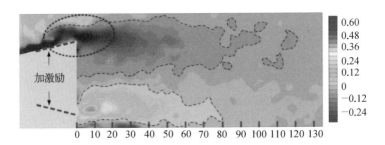

图 6.18   激励前后火焰稳定器下游涡量场对比

6.4   脉冲电弧等离子体流场调控参数优化

为探索展向激励位置、放电间距、通道数等参数对流场调控效果的影响规律,优化低气压条件下等离子体流场调控的激励参数,在进口压力 70 kPa 下进行了等离子体流场调控实验,激励频率 500 Hz。实验中稳定器上、下盖板的等离子体激励参数保持完全一致,获得了不同工况下稳定器下游的回流区尺寸。

6.4.1   电极间距

保持等离子体激励电压为 20 kV,脉宽为 1 000 ns,上升沿和下降沿为 200 ns,激励频率为 1 Hz。当进口压力为 70 kPa 时,测得六通道放电的单脉冲放电能量在放电间距为 2 mm、3 mm 和 4 mm 时分别为 163 mJ、168 mJ 和 172 mJ。激励电压不变时,放电间距增加使得负载阻抗增大,而电源内阻来不及变化,使更多的能量输出到负载(即放电间隙)。

激励位置为中心轴对称截面(z_1 截面),放电通道数为六通道,不同放电间距下回流区中涡核位置及回流区长度如图 6.19 所示。LOA 随放电间距的增加有少量增加,而 LOB 增幅更大。LOR 随放电间距的变化趋势与涡核位置相似,相比于无激励情况,放电间距为 2 mm 时,LOR 从 70 mm 增加至 73 mm,增加 4.3%;放电间距为 3 mm 时,LOR 增加至 78 mm,增加约 11.4%;放电间距为 4 mm,LOR 增加至 80 mm,相比 3 mm 电极间距,回流区尺寸仅增加约 2.6%。增加放电间距一方面增加了放电能量,提高了单位时间内产生的热量,可促进局部高速区的形成;另一方面更长的电弧长度增加了与来流的接触面积,有利于增加脱落涡尺寸,增加尾缘及下游涡量,扩大回流区尺寸。实验过程中,由于击穿电压随进口压力的升高而升高,当进口压力增加至 80 kPa 以上,4 mm 的电极间距下电极之间无法击穿放电。从激励效果来看,放电间距从 3 mm 增加至 4 mm,回流区尺寸仅扩大 2.6%。放电

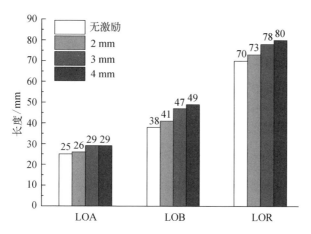

图6.19　不同放电间距下回流区中涡核位置及回流区长度

间距为3 mm时,既能在所有低于常压的进口压力下保证稳定放电,又能尽可能地扩大回流区尺寸,达到最优的流场调控效果。

6.4.2　放电通道数

激励位置为中心轴对称截面(z_1截面),放电间距为3 mm,不同放电通道数(两通道、四通道、六通道)下回流区中涡核位置及回流区长度如图6.20所示。两个涡核与稳定器尾缘的距离(LOA、LOB)及LOR均随放电通道数的增加而增加,相比于无激励情况,两通道放电时的LOR从70 mm增加至72 mm,增加2.9%;四通道放电时,LOR增加至75 mm,增加约7.1%;通道数继续增加至六通道,LOR增加至

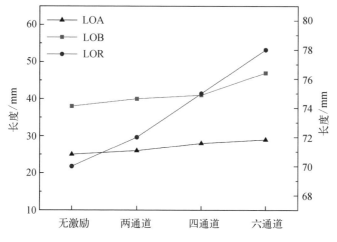

图6.20　激励前后火焰稳定器下游涡量场对比

78 mm,增加约 11.4%。由电弧放电功率随通道数的变化可知,六通道的电弧放电功率最高,虽然与四通道放电能量相比增幅不大,但由于等离子体电弧通道总长度增加,显著增大了与来流的接触面积,有利于增加脱落涡的尺寸,增加尾缘及下游涡量,扩大回流区尺寸。其次,流向的放电通道数增加,上游电弧的激励效果会被下游电弧放电强化,增强与尾缘附面层之间的相互作用,加速形成虚拟型面,扩大回流区尺寸。

6.4.3　展向激励位置

分别选取火焰稳定器展向两个平面(z_1 和 z_2)施加六通道等离子体激励,放电间距为 3 mm,获得不同进口压力下等离子体激励调控流场的效果如图 6.21 所示。整体来看,LOR 均随着进口压力的增加而增加,无等离子体激励情况下,z_1 截面的 LOR 比 z_2 截面略大一些,可能是因为 z_1 截面处分布管内有分流板,分流板的作用主要是将油气混合物均布于分布管的两端,同时也会使得分流板下游的流向速度比分布管两端小,导致 z_1 截面的回流区尺寸比 z_2 截面稍大。随着进口压力降低,尤其在气压小于 50 kPa 时,由于燃烧室内压力过低,气体密度减小,等离子体放电诱导产生的冲击效应与热效应会减弱。当进口压力为 40 kPa 时在 z_1 截面施加六通道等离子体激励,LOR 及混合气滞留时间(τ_{sl}) 仅增加 5.7%,进口压力增加至 60 kPa 时,LOR 和 τ_{sl} 可增加 14.3%。同样地,进口压力为 60 kPa,在 z_2 截面施加六通道等离子体激励可以将 LOR 及 τ_{sl} 增加 16.4%,显著扩大了回流区的尺寸,有利于提高点火概率,促进火焰稳定。

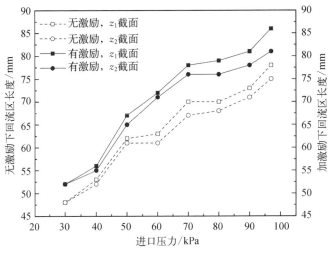

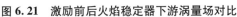

图 6.21　激励前后火焰稳定器下游涡量场对比

6.5　脉冲电弧等离子体激励蒸发式火焰稳定器流场调控机理

脉冲表面电弧等离子体调控火焰稳定器下游流场的机理如图 6.22 所示,电弧放电等离子体的冲击效应与热效应在调控稳定器下游流场中起主导作用。热效应主要指脉冲电弧放电等离子体加热周围气体,提高局部气体温度,加速稳定器尾缘表面气体,增加涡量与脱落涡的尺寸。冲击效应指放电瞬间会产生冲击波及瞬间的温度骤增,在稳定器尾缘处诱导产生高速区。局部高速区一方面增加了气体的局部流向速度,显著增强了剪切层与回流区之间的相互作用,从而有利于剪切层中的新鲜空气进入到稳定器下游回流区,促进回流区内燃气混合气的掺混;另一方面,高速区形成虚拟型面,显著增加了稳定器尾缘及下游的涡量,从而增加了脱落涡的尺寸,促进了回流区中两个涡核沿流向的高频往返振荡并将涡核向下游推动,增加了回流区的尺寸以及混合气的滞留时间。

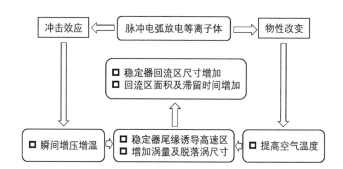

图 6.22　脉冲电弧等离子体激励蒸发式火焰稳定器流场调控机理

参考文献

[1]　Huang Y, He X, Jiang P, et al. Effect of non-uniform inlet velocity profile on flow field characteristics of a bluff body[J]. Experimental Thermal and Fluid Science, 2020, 118 (1): 110152.

[2]　Tang M, Wu Y, Zong H, et al. Experimental investigation on compression ramp shock wave/ boundary layer interaction control using plasma actuator array[J]. Physics of Fluids, 2021, 33 (6): 066101.

[3]　李概奇,王家骅.低压下 V 形火焰稳定器后回流区流动特性研究[J].南京航空学院学报,1988,20(4): 1 - 7.

[4]　李概奇,王家骅.低压下 V 形火焰稳定器回流区流动特性研究[J].航空学报,1989,10 (8): 447 - 449.

[5]　李应红,吴云.等离子体激励调控流动与燃烧的研究进展与展望[J].中国科学: 技术科

学,2020,50(10):1252 - 1273.

[6]　吴云,李应红.等离子体流动控制研究进展与展望[J].航空学报,2015,36(2):381 - 405.

[7]　Mellor A. Design of modern turbine combustors [M]. San Diego: Academic Press, 1990.

[8]　丁兆波,金捷.某型蒸发式稳定器气动及燃烧特性研究[J].火箭推进,2013,39(3):27 - 31.

第7章

亚燃冲压燃烧室滑动弧等离子体
辅助雾化研究

亚燃冲压燃烧室蒸发式火焰稳定器在低总温、低总压来流条件下面临燃油雾化蒸发质量下降、液滴平均直径增大和油气混合不均匀的问题,将导致燃烧室点火性能下降,燃烧效率降低,出口温度分布不均匀。为此,进行滑动弧等离子体激励下蒸发式火焰稳定器的宏观与微观喷雾特性研究,揭示滑动弧等离子体激励改善煤油雾化的机理。

7.1 滑动弧等离子体辅助雾化方法与实验系统

典型的蒸发式火焰稳定器结构如图7.1所示,主要由气动多点供油系统与稳定器二次进气孔和稳定器翼板组成。二次进气孔与稳定器翼板可以在稳定器下游形成合理的回流区,有利于组织稳定燃烧,二次进气孔还有促进燃油进一步雾化的作用。为了分别研究滑动弧等离子体激励对气动多点供油系统以及一体化的蒸发式火焰稳定器喷雾特性的影响,分别以气动多点供油系统和蒸发式火焰稳定器为对象,研究微观与宏观喷雾特性。

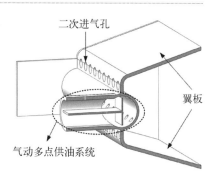

图7.1 常规蒸发式火焰稳定器结构剖面图

气动多点供油系统(airblast fuel injector,AFI)的简要结构如图7.2所示,其主要由喷油杆、进气管(含溅板)、分流板、分布管等组成。喷油杆的喷嘴类型为直射式,喷嘴直径为0.5 mm,进气嘴的直径为12 mm,分布管上均布一排直径为2 mm的分布孔。AFI的雾化原理是:液态燃油由直射式喷嘴通过压力雾化的方式喷入进气管内,一部分粒径较小的燃油液滴由于动量小,在到达溅板前便被高速空气带走,另一部分粒径较大的燃油液滴溅射到溅板上又形成两部分液滴,其中一部分液滴被反弹、破碎成小液滴,还有一部分大液滴则附着在溅板上形成油膜层,油膜层随气流运动至溅板边缘时被吹离,破碎成小液滴。所有燃油液滴与高速空气在进气管内混合形成两相混气,在分流板的分流作用下流进分布管,燃油在分布管内部分蒸发,掺混增强的两相混气由分布管的系列小孔喷出,形成二次雾化。

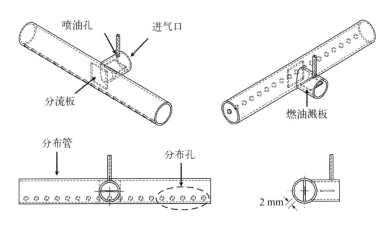

图 7.2　气动多点供油系统雾化原理图

　　将滑动弧等离子体激励与图 7.2 中的气动多点供油系统结合,构成等离子体气动多点供油系统(plasma airblast fuel injector,PAFI),如图 7.3 所示。与常规 AFI 的基本结构相似,PAFI 通过增加等离子体激励模块来提高雾化质量,在分布管小孔出口处安装若干对电极来产生滑动弧等离子体,每对电极间距均为 2 mm。在初次放电击穿后,滑动弧随分布管内的混合气开始拉伸,与常规滑动弧放电形式略有区别,滑动弧的弧根基本维持在电极尖端附近。分布管的材料选用 95 氧化铝陶瓷,防止电极与喷油杆和固定安装座之间爬电。实验所用燃料为常温航空煤油(RP - 3),

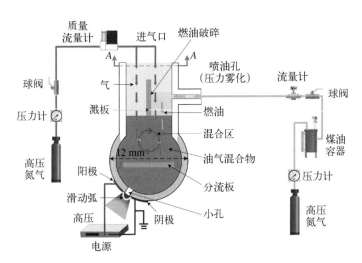

图 7.3　等离子体气动多点供油系统(PAFI)原理图

供油压力为 0.11~0.55 MPa。由于滑动弧温度很高,极易将煤油点燃,致使煤油荧光信号失准无法准确获得喷雾特性,因此载气采用常温氮气,气体流量由流量计测得。图 7.3 中 A - A 截面处进入 PAFI 的气体流速为 17~83 m/s,油气比为 0.14~0.32。

等离子体激励蒸发式火焰稳定器(plasma actuated bluff-body flameholder, PABF)如图 7.4 所示,与 PAFI 不同的是,为了形成合理的回流区,增加了翼板与二次进气孔,激励位于常规点火器安装孔。图中仅画出一根电极,在雾化及燃烧实验中均采用三根电极,实现多通道滑动弧等离子体激励。

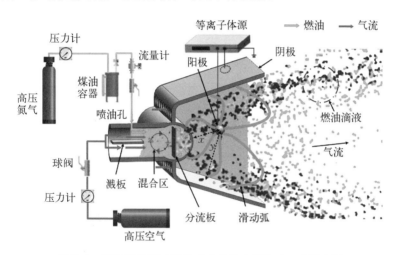

图 7.4　等离子体激励蒸发式火焰稳定器(PABF)示意图

PAFI 与 PABF 中的滑动弧放电均由低温等离子体电源(CTD - 1000Z)驱动,最大峰值电压为 20 kV,额定功率为 2 000 W。

常温常压环境中 PAFI 喷雾特性测试系统如图 7.5 所示,便于光学诊断。PAFI 位于喷雾测试平台顶部,相互垂直的方向上有 3 个直径 150 mm 的观察窗用于激光入射以及相机拍摄。由于 PAFI 的分布管小孔喷射方向与进气管方向呈 30°夹角(蒸发式火焰稳定器原有两排分布孔,为减少两排分布孔间喷雾相互干扰,只留有一排分布孔),将 PAFI 旋转 30°使分布孔喷射方向竖直向下以排除重力影响。采用高速 CCD 相机(Phantom - v2512)记录滑动弧的动态演化过程,拍摄帧频设为 50 000 Hz,曝光时间设为 20 μs。

PABF 喷雾特性测试系统如图 7.6 所示,其测试方法与 PAFI 测试系统类似。火焰稳定器安装于亚燃冲压燃烧室内,燃烧室宽×高为 150 mm×180 mm,槽宽 58 mm,稳定器夹角为 34°,阻塞比为 0.34,进口为空气,为避免点燃,控制供油流量使当量比低于贫燃点火极限(当量比 $\varphi = 0.04$ 保持不变),来测试喷雾特性。亚燃冲压燃烧室进口压力在 30~110 kPa 连续可调,进口温度在 290~500 K 连续可调,进口马赫数保持 0.2 不变。

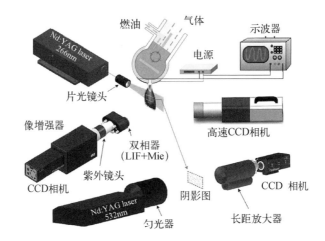

图7.5　等离子体气动多点供油系统(PAFI)喷雾特性测试系统

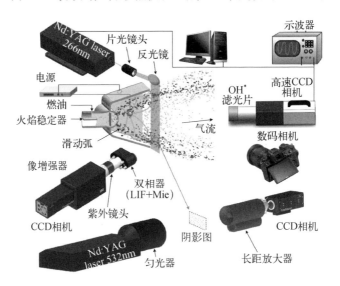

**图7.6　滑动弧等离子体激励蒸发式火焰稳定器
(PABF)喷雾特性测试系统**

　　喷雾锥角是宏观喷雾特性的一项重要参数,定义为距离燃油喷嘴特定距离处喷雾左、右边界之间的夹角[1]。引入五种喷雾锥角的定义方法(分别命名为定义A/B/C/D/E),如图7.7所示。喷雾边界的检测过程中,将每个像素点的强度累计,相比于较低强度的像素点,较高强度的像素点在确定喷雾边界时占的权重更大。定义A、B和C为分别位于分布管小孔出口下游10 mm、30 mm和50 mm处的两个喷雾边界之间的夹角。定义D由0°到90°的像素点强度在喷雾锥内积分(直到达到适当的阈值)得到。对于喷雾锥角定义E,在左、右喷雾边缘上进行线性插值,该定义考虑了从喷孔中心到图像边缘的整个喷雾。

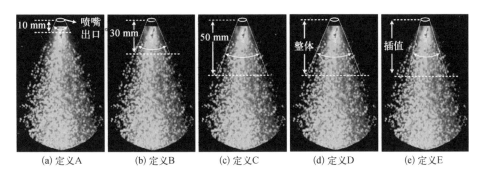

|(a) 定义A|(b) 定义B|(c) 定义C|(d) 定义D|(e) 定义E|

图 7.7　喷雾锥角的五种定义方法

7.2　滑动弧等离子体激励气动多点供油系统雾化特性

7.2.1　液滴尺寸特性

在喷雾特性实验前先分析滑动弧等离子体激励气动多点供油系统的放电特性。在大气压环境下,在等离子体气动燃油喷嘴(PAFI)的出口平面处的两个电极之间诱导产生滑动弧放电等离子体。在 83 m/s 的气流速度下,滑动弧等离子体放电在一个放电周期内存在三个不同的阶段:阳极和阴极尖端之间放电击穿之后,滑动弧等离子体出现拉伸、短切和熄灭三个阶段,如图 7.8 所示。由于放电形式为尖端放电,滑动弧的弧根无论在哪个放电周期内均维持不变。

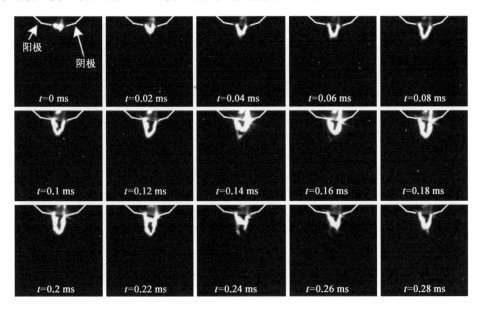

图 7.8　滑动弧放电等离子体动态图像(曝光时间 20 μs)

图 7.8 中滑动弧放电的同步电压和电流波形如图 7.9 所示,在 $t_0(t=0\text{ ms})$ 时,滑动弧放电击穿产生等离子体,同时电压突然增加到 5.0 kV,电流增加至高于 1.0 A。图 7.9 中 t_1 时刻 ($t=0.07\text{ ms}$),等离子体处于稳定的滑动状态;在 t_2 时刻 ($t=0.14\text{ ms}$) 和 t_3 时刻 ($t=0.22\text{ ms}$),放电通道短切,通道长度骤然减小;在 $t=0.14\text{ ms}$ 和 t_4 时刻($t=0.24\text{ ms}$),新的放电通道形成,如此往复。

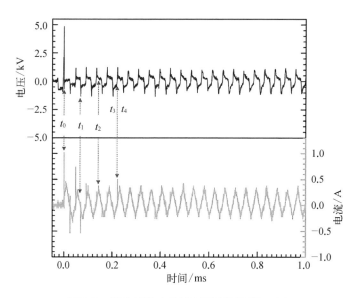

图 7.9 滑动弧放电波形(气流速度 83 m/s)

能量密度表示输入到单位混合气中滑动弧等离子体的放电功率。图 7.10 表示平均放电功率和能量密度随气流速度的变化。随着气流速度从 17 m/s 增加到

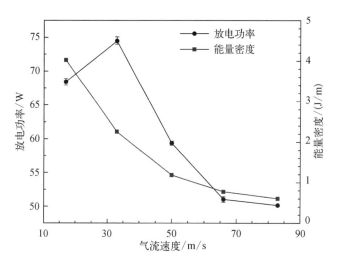

图 7.10 PAFI 的平均放电功率随气流速度的变化

33 m/s,平均放电功率从 68.4 W 略微增加到 74.5 W,然而,放电功率随气流速度从 33 m/s 增加到 83 m/s 呈逐渐减小的趋势。随着气流速度从 17 m/s 增加到 83 m/s,能量密度从 4 J/m 降低到 0.6 J/m,降低速度变慢。

1. 气流速度对液滴尺寸分布的影响

喷雾液滴尺寸分布是衡量燃油喷嘴雾化性能的重要指标,对于火焰稳定性能十分关键。本小节开展了来流速度对液滴尺寸分布影响的对比实验研究。图 7.11 为气流速度对常规气动燃油喷嘴(AFI)喷雾特性的影响,大量索特平均直径大于 250 μm 的液滴分布在喷雾的中轴线处。如图 7.11(a)所示,低速流动时,气流的动能不足以粉碎液体射流。随着流速的增加,液滴的平均直径变得越来越小,分布更加均匀,并且喷雾锥角也越来越小。但是,尽管流速增加至 83 m/s,仍有平均直径大于 100 μm 的液滴在 AFI 的近场喷雾中聚集(呈黄色或红色)。

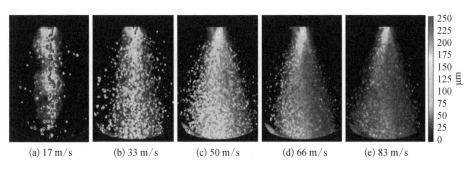

(a) 17 m/s　(b) 33 m/s　(c) 50 m/s　(d) 66 m/s　(e) 83 m/s

图 7.11　随气流速度变化的宏观喷雾特性(FAR = 0.14)

气流速度对 AFI 喷雾的累积体积分布的影响如图 7.12 所示。对于低黏度煤油,气流速度是决定液滴尺寸分布和平均液滴尺寸的关键因素。增加气流速度可

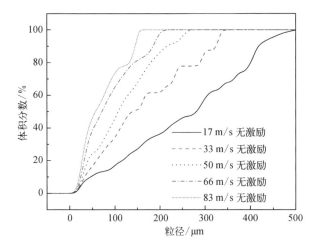

图 7.12　气流速度对累积体积分布的影响(FAR = 0.32)

减小液滴直径。曲线的斜率随着气流速度的增加而增加。

2. 滑动弧等离子体激励对液滴尺寸分布的影响

与常规 AFI 相比,PAFI 产生的喷雾特性发生显著改善,包括液滴尺寸分布、平均直径和喷雾锥角。图 7.13 表明,与传统的 AFI 相比,采用 PAFI,在气流速度为 50 m/s、FAR 为 0.32 的情况下,煤油喷雾更均匀,尤其靠近燃油喷嘴出口处液滴平均直径更小,雾化锥角更大。PAFI 的液滴平均直径几乎均小于 100 μm,液滴平均直径集中在 25~75 μm,有利于提升燃烧室的点火性能。

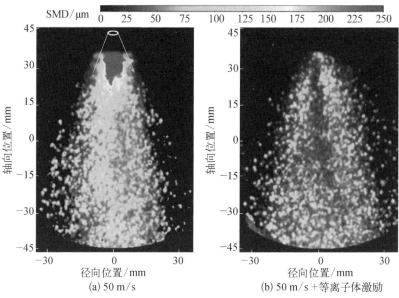

图 7.13　滑动弧等离子体对喷雾的影响($V=50$ m/s, FAR$=0.32$)

图 7.14 为不同来流速度下等离子体对液滴累积体积分布的影响,由图中可知,PAFI 可显著改善雾化质量。黑色线条为传统 AFI,而蓝色线条表示有滑弧等离子体激励的 PAFI。来流速度为 17 m/s 时,传统 AFI 喷出的燃油液滴几乎均匀地分布在 500 μm 内,而 PAFI 喷出的燃油液滴全部分布在 210 μm 内。在气流速度分别为 33 m/s、50 m/s、66 m/s 和 83 m/s 时,AFI 喷出的燃油液滴的 $D_{0.5}$ 分别为 144 μm、110 μm、72 μm 和 58 μm,而 PAFI 喷出的燃油液滴的 $D_{0.5}$ 分别为 80 μm、42 μm、41 μm 和 31 μm,$D_{0.5}$ 平均降低约 48.9%。非平衡滑动弧等离子体的热效应和输运效应起主要促进作用。滑动弧等离子体放电过程中,阳极和阴极之间发生击穿,伴随着大量的热量释放,并使得气体温度的急剧上升。输运效应有助于增加气流的湍流强度、促进气流与燃油液滴之间的相互作用。

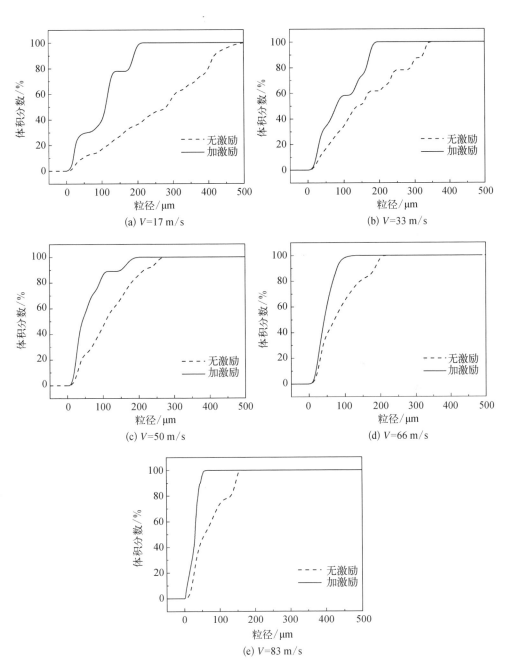

图 7.14　不同来流速度下等离子体对液滴直径累积体积分布的影响（FAR=0.18）

为了量化滑动弧等离子体对燃油喷雾的液滴尺寸概率密度分布和累积体积分布的影响,在 $V = 50$ m/s、FAR $= 0.14$ 时,绘制燃油喷雾的液滴尺寸概率密度分布和累积体积分布如图 7.15 所示,采用滑动弧等离子体激励,PAFI 的燃油喷雾中液滴尺寸分布在 12~165 μm,且在 34 μm 左右液滴数目最多。在无激励情况下,AFI 的燃油喷雾中超过一半的燃油液滴尺寸大于 100 μm,最大的燃油液滴尺寸甚至超过 250 μm。因此,滑动弧等离子体激励有助于将较大的燃油液滴破碎分解成较小的燃油液滴,显著降低 PAFI 的喷雾燃油液滴尺寸。

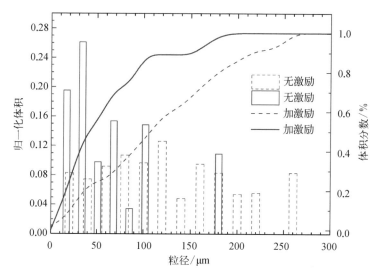

**图 7.15 来流速度 50 m/s 时液滴尺寸概率密度分布与
累积体积分布(FAR = 0.14)**

通常采用液滴尺寸分散来表示分布燃油喷雾中分布的液滴尺寸范围。引入液滴均匀度指数 q 描述在燃料喷雾中分布的液滴尺寸的分布[2]。燃油液滴相对误差范围和均匀度指数随气流速度变化如图 7.16 所示,相对尺寸分布范围随着气流速度的增加而增加,液滴均匀度指数随着气流速度的增加而降低。随着气流速度的增加,气流与燃料之间的相互作用得到了加强。尽管较小液滴的比例增加了,但是仍然有许多较大的液滴,这是液滴均匀度指数降低的主要原因。与基准情况相比,施加滑动弧等离子体激励的情况下的相对尺寸分布范围明显降低,PAFI 喷出的燃油液滴的均匀性指数得到了明显改善,燃油喷雾中液滴的相对误差范围降低约 25.5%,液滴均匀性指数提高了约 24.6%。

3. 气流速度与油气比对液滴平均/特征直径的影响

在气液两相燃烧中,喷雾液滴的平均直径对高效点火和稳定燃烧性能至关

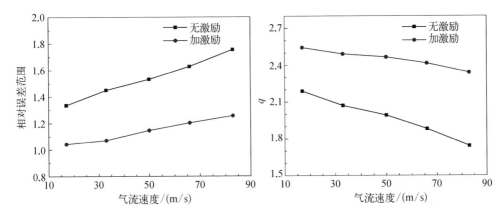

图 7.16　燃油液滴相对误差范围和均匀度指数（$V=50\ \text{m/s}$，$\text{FAR}=0.14$）

重要[3]，液滴的特征直径可以更直观地反映喷雾液滴尺寸的大致分布。为此，本小节研究了气流速度、油气比以及滑动弧等离子体激励对液滴平均直径和特征直径的影响。

不同气流速度和油气比下燃油喷雾的平均直径与特征直径如图 7.17 所示，采用算术平均直径 D_{10} 和索特平均直径 D_{32} 来分析平均直径。$D_{0.1}$、$D_{0.5}$ 和 $D_{0.9}$ 为液滴的特征直径，用来表征喷雾液滴的尺寸分布。图 7.17（b）中索特平均直径随气流速度的增加而降低，随 FAR 的降低而降低。当气流速度从 17 m/s 增加到 66 m/s 时（$\text{FAR}=0.18$），D_{32} 从 160 μm 减小到约 60 μm，雾化质量明显改善。D_{10} 的变化趋势与 D_{32} 非常相似，只是随气流速度和 FAR 变化的幅度小于 D_{32}。如图 7.17（e）所示，液滴的 $D_{0.1}$、$D_{0.5}$ 和 $D_{0.9}$ 随着气流速度的增加而减小，随着 FAR 的降低而降低，并且 $D_{0.9}$ 的下降更为明显。

4. 滑动弧等离子体激励对液滴平均/特征直径的影响

在 FAR 为 0.18 时，滑动弧等离子体激励对 D_{10}、D_{32}、$D_{0.1}$、$D_{0.5}$ 和 $D_{0.9}$ 的影响如图 7.18 所示，滑动弧等离子体可将燃料液滴的 D_{32} 在 17 m/s 时从 160 μm 减小到 80 μm，在 83 m/s 时从 60 μm 减小到 50 μm。分析其原因在于：一方面，随着气流速度的增加，等离子体放电功率降低，滑动弧等离子体的能量密度随气流速度的增加而减小；另一方面，在高速气流作用下，许多粒径较大的液滴已经破碎为小液滴，等离子体激励效果已接近饱和，随着气流速度的增加，油滴 SMD 在 66 m/s 时减小到 62 μm，在 83 m/s 时仅减小到 60 μm。图 7.18（c）、（d）表明在滑动弧等离子体激励下，粒径较小的煤油液滴数量增加（$D_{0.1}$ 更小），有利于煤油的初始雾化蒸发，提高点火性能。在气流速度为 17 m/s 时，等离子体激励将液滴 $D_{0.5}$ 从 270 μm 降低至 154 μm，降低约 43%。

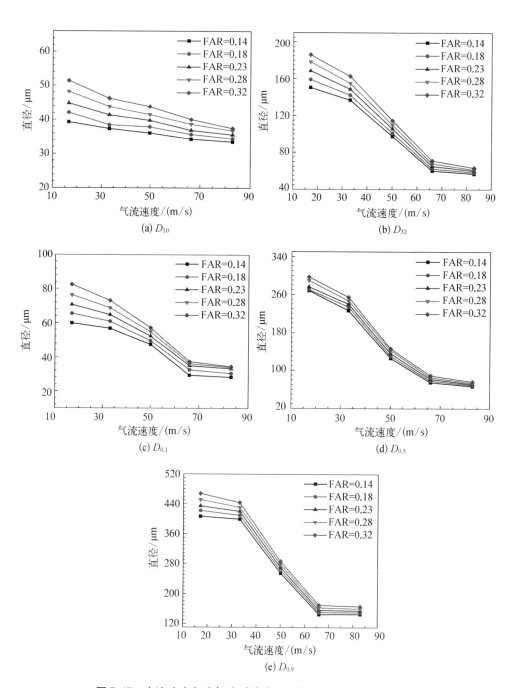

图 7.17   来流速度和油气比对液滴平均直径与特征直径的影响

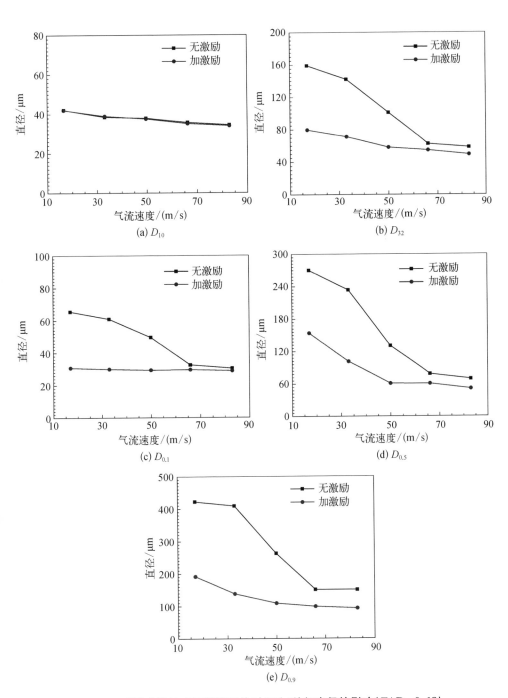

图 7.18　不同来流速度下等离子体对平均/特征直径的影响(FAR = 0.18)

7.2.2　喷雾锥角特性

良好的分散性可使液体与周围气体快速混合,提高液滴蒸发率。煤油喷雾的分散度定义为喷雾体积与喷雾中所含液体体积之比。除液滴平均直径和液滴尺寸分布外,分散度还主要由喷雾锥角决定,喷雾分散度随着喷雾锥角的增加而增加。通过喷雾边缘检测得到不同定义下的喷雾锥角,研究了气流速度、油气比以及滑动弧等离子体激励对喷雾锥角的影响。

1. 气流速度的影响

在 FAR 为 0.18 时,气流速度对喷雾锥角的影响如图 7.19 所示,对于五种定义方法,喷雾锥角都随气流速度增加而减小。定义 D 的下降幅度最大,从 17 m/s 时的 98 μm 到 83 m/s 时的 50 μm 下降了约 49%。当气流速度从 17 m/s 增加到 50 m/s 时,定义 A、B、C 和 E 的喷雾锥角减小,而当气流速度高于 66 m/s 时,喷雾锥角基本保持恒定。

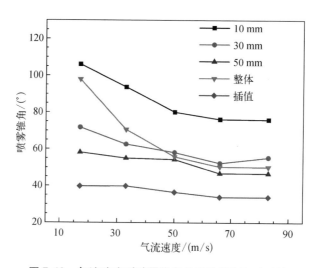

图 7.19　气流速度对喷雾锥角的影响(FAR=0.18)

2. 油气比的影响

当气流速度为 50 m/s 时,不同锥角定义下油气比对喷雾锥角的影响如图 7.20 所示。随着油气比的增加,喷雾锥角先增加后减小,在油气比为 0.23 时喷雾锥角达到最大,油气比高于 0.28 时,喷雾锥角变化不大。定义 A 的喷雾锥角(距喷嘴出口 10 mm)明显大于定义 B、C、D 和 E。这说明近场喷雾(<20 mm)处,喷嘴出口附近的高速气流促进了空气与燃料之间的相互作用,喷雾锥角相对较大。

3. 滑动弧等离子体激励的影响

图 7.21 所示为滑动弧等离子体激励对喷雾锥角的影响,喷雾锥角在等离子体激励作用下明显增大,气流速度越大,增大喷雾锥角的效果越明显。如图 7.21(e)

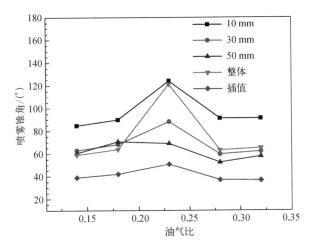

图 7.20　来流速度 50 m/s 时油气比对喷雾锥角的影响

所示,滑动弧等离子体激励可以将喷雾锥角从 33.8° 增加至 45.7°,增加 35%。在较高的气流速度下,等离子体的输运效应起主导作用,增强了湍流相互作用,喷雾外部更多的气体被夹带进入喷雾中,从而扩大了喷雾锥角。

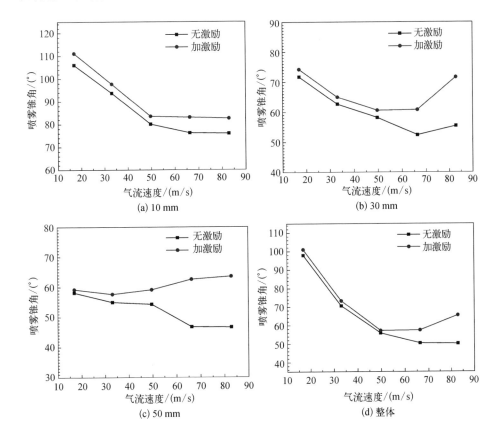

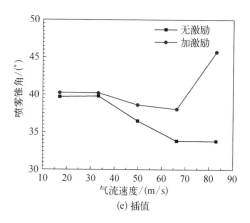

(e) 插值

图 7.21   不同喷雾锥角定义下等离子体对喷雾锥角的影响(FAR = 0.18)

7.3   滑动弧等离子体激励蒸发式火焰稳定器雾化特性

7.3.1   液滴尺寸分布

1. 进口压力的影响

进口温度为 357 K 时,进口压力对常规蒸发式火焰稳定器下游喷雾的影响如图 7.22 所示,由于重力效应以及燃烧室进口速度沿竖直方向的不均匀性,稳定器下游煤油喷雾呈非对称分布,进口压力低于 70 kPa 时,索特平均直径大于 200 μm 的煤油大液滴集中分布于火焰稳定器后缘附近。一方面,低气压下空气密度和空气质量流量较低,气流动能不足以将煤油液膜或煤油大液滴打碎。另一方面,随着进口压力的降低,回流区的长度和面积缩小,气流与液滴之间的剪切作用和相互作用变弱。在滑动弧等离子体激励的作用下,稳定器尾缘附近大于 200 μm 的煤油液滴消失,被破碎为较小的液滴(大部分小于 100 μm),煤油喷雾更为均匀,粒径更小。

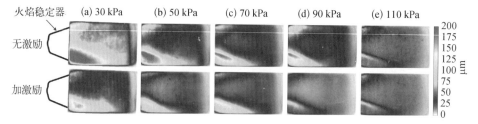

图 7.22   蒸发式火焰稳定器下游喷雾随进口压力的变化(T = 357 K)

进口温度为 357 K 时,进口压力对等离子体激励蒸发式火焰稳定器(PABF)喷雾液滴尺寸累积体积分布的影响如图 7.23 所示,当进口压力高于 70 kPa 时,煤油液滴的直径主要集中在 30~50 μm,而当进口压力低于 70 kPa 时,煤油液滴直径则主要分布在 50~120 μm,说明随着燃烧室进口压力下降,煤油雾化质量逐渐下降,煤油液滴直径显著增大,整个煤油喷雾中较大尺寸的煤油液滴所占比重呈增加趋势。

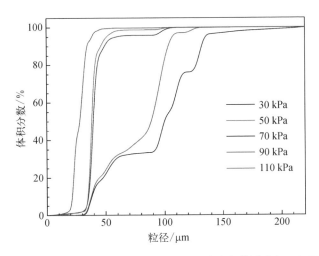

图 7.23　进口压力对液滴尺寸累积体积尺寸分布的影响($T = 357\ \mathrm{K}$)

2. 进口温度的影响

　　燃烧室进气压力为 70 kPa 时,不同进气温度下喷雾液滴尺寸的累积体积分布曲线如图 7.24 所示。当进口温度高于 357 K 时,煤油液滴的尺寸主要集中在 50 μm 以下。在进气温度为 290 K 时,煤油喷雾中液滴直径大于 100 μm 的液滴数量急剧增加,进口温度下降导致煤油雾化质量下降,较大的煤油液滴难以破碎成较

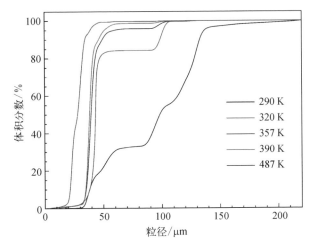

图 7.24　进口温度对液滴直径累积体积尺寸分布的影响($P = 70\ \mathrm{kPa}$)

小的液滴。由进口压力及进口温度对喷雾液滴尺寸分布的影响可知,当进口压力高于 70 kPa 且进口温度高于 357 K 时,煤油雾化质量较好,有利于燃烧室点火。但当进口压力低于 70 kPa、进口温度低于 357 K 时,蒸发式火焰稳定器下游的煤油喷雾雾化质量恶化,不利于燃烧室点火,需要采用滑动弧等离子体激励气动多点供油系统等方法,提高燃油雾化效果。

3. 滑动弧等离子体激励的影响

不同进口压力下滑动弧等离子体激励对液滴尺寸分布的影响如图 7.25 所示。图 7.25(a)表明,在进口压力为 30 kPa 时,无等离子体激励的煤油液滴几乎均匀地分布在 150 μm 内;而在等离子体激励下绝大部分液滴直径小于 110 μm。从图 7.25(b)~(e)看出,不同进口压力下滑动弧等离子体激励对液滴尺寸分布的影响规律相似。滑动弧等离子体的热效应与输运效应在降低煤油粒径、改善雾化质量中起至关重要的作用,大量的热量释放使周围空气温度骤然升高,其流体动力学效应有助于增强来流空气的湍流强度,促进掺混。

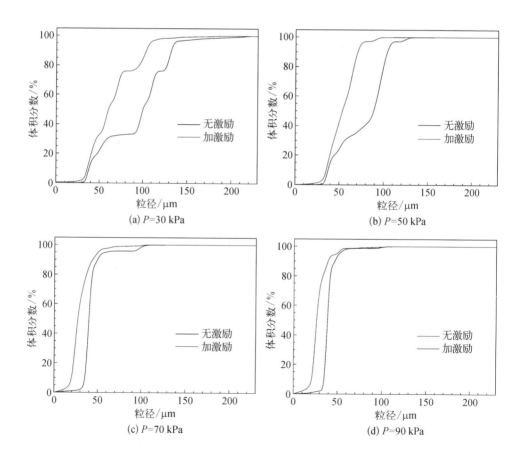

(a) P=30 kPa

(b) P=50 kPa

(c) P=70 kPa

(d) P=90 kPa

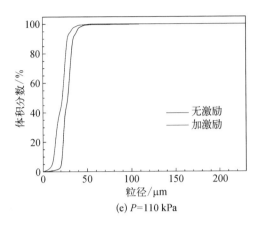

(e) $P=110$ kPa

图 7.25　不同进口压力下滑动弧等离子体对累积体积分布的影响

　　进口压力为 70 kPa、进口温度为 357 K 时,火焰稳定器下游煤油喷雾的概率密度分布与累积体积分布如图 7.26 表示,虚线直方图和虚线表示无等离子体激励条件下的液滴粒径分布,实线直方图与实线表示施加等离子体激励条件下的液滴粒径分布状态。无等离子体激励时,煤油液滴尺寸集中分布在 40~110 μm,粒径尺寸为 100 μm 的液滴尺寸所占比重最大,最大的煤油液滴粒径接近 150 μm。施加等离子体激励后,大多数煤油滴集中分布在 30~74 μm,粒径尺寸为 66 μm 的液滴尺寸所占比重最大,最大的液滴直径小于 100 μm。滑动弧等离子体激励能够减小蒸发式火焰稳定器下游喷雾液滴直径,有利于燃烧室的点火和稳定燃烧。

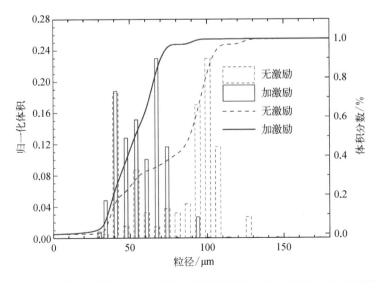

图 7.26　液滴尺寸的概率密度分布和累积体积分布($P=70$ kPa, $T=357$ K)

不同进口压力下相对尺寸分布范围与均匀度指数随进口温度的变化如图7.27所示,与基准情况相比,施加滑动弧等离子体激励的喷雾液滴相对尺寸分布范围大大降低,煤油喷雾液滴均匀度指数明显提高。液滴均匀度指数随着进口温度的增加而增加,进口温度的增加可以增加空气与燃油液滴的热量传递,提高燃油雾化蒸发速率,使液滴尺寸分布更均匀。滑动弧等离子体激励可以将煤油液滴的相对尺寸分布范围降低约22.3%,将煤油喷雾液滴的均匀度指数提高约21.8%。

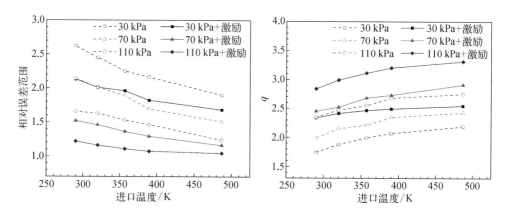

图7.27 不同进口压力下相对尺寸分布范围与均匀度指数随进口温度的变化

7.3.2 液滴平均直径

1. 基准特性

测试分析了不同进口压力和温度下火焰稳定器下游燃油喷雾的微观特性,获得了液滴的算术平均直径(D_{10})以及索特平均直径(D_{32})。D_{32}的大小直接影响传热传质的效率,进而影响火焰稳定与燃烧特性。无等离子体激励时进口压力对液滴平均直径的影响如图7.28所示。煤油液滴的索特平均直径(D_{32})和算术平均直径D_{10}都随进口压力的降低而增加,相同进口气流参数下,D_{32}略大于D_{10}。从图7.28(c)可以看出,进口压力从110 kPa降低为30 kPa时,D_{32}从40 μm增加到120 μm左右,雾化质量显著恶化。

与进口压力的影响规律类似,进口温度的增加同样有利于降低索特平均直径D_{32}和算术平均直径D_{10},如图7.29所示。一方面,进口温度增加有利于高温空气向液态煤油传递更多的热量,提高煤油的温度,导致密度、黏度和表面张力降低,有利于雾化蒸发;另一方面,气体分子的动能随着进口温度的升高而增加,有助于增强液滴与气流之间的湍流相互作用,进一步降低煤油液滴的平均直径。

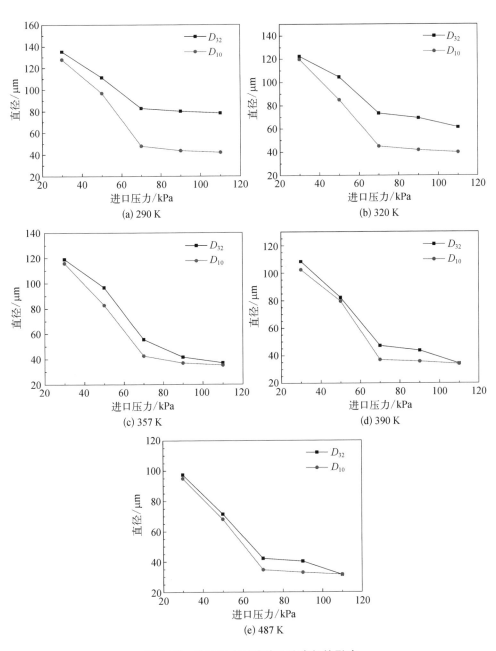

图 7.28　进口压力对液滴平均直径的影响

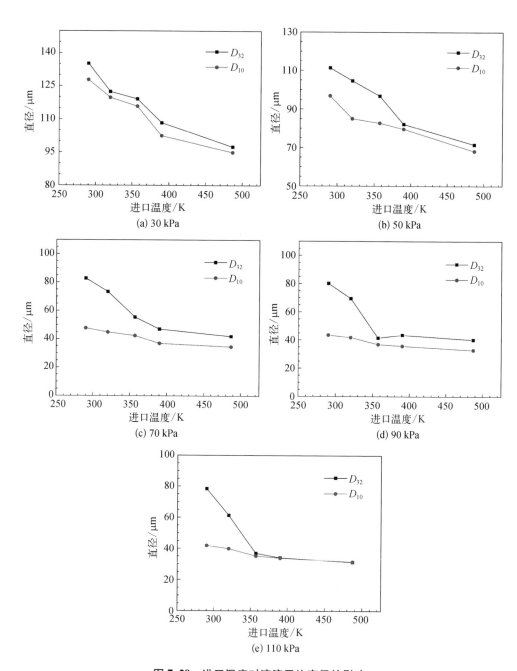

图 7.29　进口温度对液滴平均直径的影响

2. 滑动弧等离子体激励的影响

不同进口温度和压力下等离子体激励对 D_{32} 和 D_{10} 的影响如图 7.30 所示,当进口压力为 30 kPa、进口温度为 320 K 时,滑动弧等离子体激励可以将煤油液滴的索特平均直径从 122 μm 减小到 100 μm;当进口压力为 70 kPa、进口温度为 290 K 时,滑动弧等离子体激励可以将煤油液滴的索特平均直径从 84 μm 减小到大约 70 μm。滑动弧等离子体激励对煤油液滴的 D_{10} 基本无影响,这与前面等离子体激励气动多点供油系统的喷雾实验结果一致。当进口压力为 30 kPa 时,滑动弧等离子体激励可以将煤油液滴的索特平均直径降低约 13%~20%,但是,索特平均直径仍然大于 80 μm,这说明仅仅减小液滴平均直径不足以保证成功点火和稳定燃烧,滑动弧等离子体的化学效应同样起着十分重要的作用。

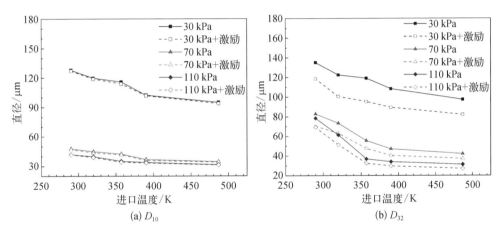

图 7.30　不同进口压力下进口温度与等离子体激励对液滴平均直径的影响

7.4　滑动弧等离子体激励蒸发式火焰稳定器雾化改善机理

滑动弧等离子体激励改善蒸发式火焰稳定器雾化的机理如图 7.31 所示。滑动弧的热效应和输运效应在降低煤油粒径、提高雾化质量中起主导作用。滑动弧放电释放大量热量,将喷雾中的液滴以及周围气体加热。煤油液滴的温度升高,其密度、黏度及表面张力随之降低,煤油雾化蒸发速率提高。同时,喷雾内气体及周围气体的温度均有不同程度的升高,气/液间对流及传导换热的相互作用增强,有效降低了喷雾液滴平均直径,提高液滴尺寸均匀度指数。滑动弧对近场喷雾(距离燃油喷口 5~20 mm)处的影响较为明显,液滴直径大幅降低,有助于提高燃烧室的点火性能。

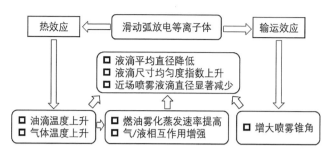

图7.31　滑动弧等离子体雾化改善机理示意图

　　滑动弧的输运效应,一方面增强了来流的湍流强度,促进煤油与气体的掺混;另一方面有利于从周围环境中卷吸更多气体到喷雾中,有效增大喷雾锥角(在较高来流速度下作用更为明显)。喷雾锥角的增大反过来有助于增大煤油液滴与周围气体之间的相对运动速度,从而降低煤油液滴的平均直径。

参考文献

[1]　Hung, D, Harrington D L, et al. Gasoline fuel injector spray measurement and characterization-a new SAE J2715 recommended practice[J]. SAE International Journal of Fuels and Lubricants, 2009, 1(1): 534 - 548.

[2]　Tate R W. Some problems associated with the accurate representation of drop-size distributions [C]. Madison: 2nd International Conference on Liquid Atomization and Sprays (ICLASS), 1982.

[3]　刘亮. 无焰燃烧及煤油自动着火过程的数值模拟[D]. 合肥: 中国科学技术大学, 2008.

第8章
亚燃冲压燃烧室滑动弧等离子体油气活化研究与点火助燃验证

亚燃冲压燃烧室在起动下边界($Ma<2.5$)时面临低温(最低<400 K)、低压(最低<0.04 MPa)等低工况进口参数,带来燃油雾化、蒸发和化学反应速率下降等问题,导致点火困难、燃烧效率低。为此,提出了亚燃冲压燃烧室多通道滑动弧等离子体油气活化方法,在火焰稳定器回流区内施加多通道滑动弧激励,揭示等离子体油气活化特性与机理,并进行亚燃冲压燃烧室等离子体点火助燃实验验证。

8.1 多通道滑动弧等离子体油气活化实验

8.1.1 实验系统与方法

1. 滑动弧等离子体油气活化实验系统

基于滑动弧放电等离子体的加热效应、化学效应与输运效应,提出了多通道滑动弧等离子体油气活化方法,在火焰稳定器回流区内施加多通道滑动弧激励,提升油气混合物化学活性;搭建了滑动弧等离子体油气活化实验系统,如图8.1所示。

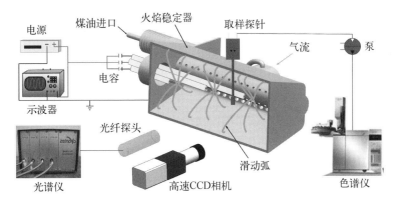

图8.1 滑动弧等离子体油气活化实验系统

首先进行多通道滑动弧等离子体的放电特性与光谱特性实验,采用四通道 CCD 光谱仪测量滑动弧的发射光谱,波长测量范围:200 ~ 1 100 nm,分辨率为 0.1 nm。通过高速 CCD 相机捕捉滑动弧的运动形态,实验中分辨率设为 512×320,拍摄帧率为 25 000 fps,曝光时间为 20 μs。在油气活化实验中,稳定器出口与取样容器紧密相接,确保取样探针从取样容器出口采集到的裂解活化产物纯净、准确。高压氮气驱动常温燃油从油罐依次经过齿轮流量计、煤油限流孔板后喷入稳定器,油气混合物经两排分布孔以喷雾形式进入滑动弧等离子体作用区域,限流孔板对管路中的煤油限流,使喷入稳定器的燃油喷前压力尽可能恒定,保持煤油流量稳定。

2. 油气活化实验工况

主要开展了不同进气速度、煤油流量、放电通道数等参数对油气活化效果的影响,实验工况参数如表 8.1 所示。

表 8.1　等离子体油气活化参数变化范围

参　　数	范　　围
燃油类型	航空煤油(RP-3)
裂解载气	氮气
裂解压力/kPa	97
载气温度/K	390
供油压力/MPa	0.11~0.55
燃油温度/℃	25
进口速度/(m/s)	17/33/50/66/83
油气比(FAR)	0.14/0.18/0.23/0.28/0.32

3. 活性粒子测试方法

在气流作用下,多通道滑动弧等离子体在稳定器内部不断击穿-拉伸-熄灭-再击穿,由于稳定器内部速度较低,油气混合物与多通道滑动弧的接触时间较长,有利于充分裂解活化。油气裂解活化产物经由油气分离器过滤后由取样探针直接输入气相色谱仪进行活化产物气态组分检测。气相色谱仪配备两种热导检测器和一个火焰离子化检测器。其中,一个热导检测器可以分析裂解产物中的 H_2 含量,另一个定量分析 CO_2、CO、O_2 及 N_2 的含量。火焰离子化检测器可对 C_4 以下的烷烃和烯烃、C_3 以下的炔烃等组分进行定量分析。取样探针采集的活化产物组分进入气象色谱仪前,首先经过无水 $CaCl_2$ 和石英棉干燥处理,避免水分对测试结果带来的影响。同工况油气活化实验重复 3 次,将 3 次检测得到的裂解活化产物浓度取平均,得到该工况下的产物浓度数据。

4. 油气活化反应评价方法

引入有效裂解率(effective cracking rate,ECR)、油气活化产物中氢气选择性(SH_2)及其他气态组分(如 CH_4、C_2H_6、C_2H_4 和 C_2H_2 等,假设为 C_xH_y)选择性 $S(C_xH_y)$、裂解活化组分产率(production rate,PR)作为油气活化效果的评价指标。

有效裂解率为煤油中裂解活化为气态产物的煤油所占比重,有效裂解率越高,表示越多的煤油被裂解活化,生成更多的气态小分子与活性基团,油气活化的效果越好。根据氢元素守恒原理,有效裂解率定义为裂解活化气态产物中氢元素数与初始煤油成分中氢元素数的比值:

$$ECR(\%) = (n_H \times M_H / m_H) \times 100\% \tag{8.1}$$

$$n_H(\text{mol/s}) = \sum \frac{yV_{C_xH_y} \times Q_{N_2}}{60 \times V_{N_2} \times V_m} + \frac{2V_{H_2} \times Q_{N_2}}{60 \times V_{N_2} \times V_m} \tag{8.2}$$

式中,M_H 为氢元素的摩尔质量,即 1 g/mol;m_H(g/s)表示未经裂解活化的初始煤油中氢元素的质量流量;$V_{C_xH_y \text{ or } H_2}$ 为油气活化产物中 C_xH_y 和 H_2 的体积百分比;Q_{N_2}(L/min)和 V_{N_2}(%)为氮气的体积流量和体积百分比;V_m 表示气体摩尔体积,在标准大气状态下为 22.4 L/mol。

油气活化产物中氢气及其他气态产物的选择性定义为

$$S_{C_xH_y \text{ or } H_2}(\%) = \frac{n_{C_xH_y \text{ or } H_2}}{n_H} \times 100\% \tag{8.3}$$

$$n_{H_2} = \frac{2V_{H_2} \cdot Q_{N_2}}{60 \cdot Q_{N_2} \cdot V_m} \tag{8.4}$$

$$n_{C_xH_y} = \frac{yV_{C_xH_y} \cdot Q_{N_2}}{60 \cdot Q_{N_2} \cdot V_m} \tag{8.5}$$

式中,$n_{C_xH_y \text{ or } H_2}$ 表示 H_2 或 C_xH_y 中氢元素的摩尔流量,单位为 mol/s。

产率(production rate,PR)表示油气活化气态产物中各组分在的产生速率,可直接表征各气态产物组分的收益率,定义为

$$PR = \sum \frac{V_{C_xH_y \text{ or } H_2} \times \dfrac{Q_{N_2}}{V_{N_2}}}{V_m} \times N_{C_xH_y \text{ or } H_2} \times \frac{60}{1\,000} \tag{8.6}$$

式中,产率的单位为 mg/s, $N_{C_xH_y\,or\,H_2}$ 表示 C_xH_y 和 H_2 的摩尔质量,单位为(g/mol)。

8.1.2　多通道滑动弧等离子体激励特性

在常温常压敞口环境下,在蒸发式火焰稳定器的两侧盖板上分别各插入 3 根高压电极,电极直径 1 mm,由陶瓷管包裹,每根电极尖端与稳定器内型面的距离约 5 mm,六根电极沿稳定器展向大致均匀分布,尽可能增加滑动弧与油气混合物的接触面积,提高油气活化效果。从稳定器的下游往上游看去,六通道滑动弧点火助燃激励器的实物图及高速相机捕捉的滑动弧放电形态如图 8.2 所示。

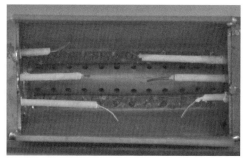 

(a) 六通道滑动弧点火助燃激励器　　　　　(b) 六通道滑动弧放电瞬态图像

图 8.2　六通道滑动弧点火助燃激励器

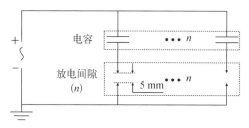

图 8.3　多通道交流滑动弧放电原理

多通道滑动弧放电的电路如图 8.3 所示,每个放电通道分别和一个电容(电容值根据放电通道数选择,单通道放电不串联电容)串联后与滑动弧电源的高压端相连。当放电通道均未发生击穿时,每个放电通道间隙可认为一个微小电容[1],多通道滑动弧的单个通道间隙 5 mm,电极直径约 1 mm,由电容定义式计算得到间隙电容约 1.39 pF。与通道间隙串联的电容 C_n 为 100 pF(或 200 pF),而电容的阻抗 $Z = 1/(fc)$,即电容的容值越小,阻抗就越大,因此滑动弧输出的高压绝大部分由通道间隙分担,电容 C_n 的存在并未提高电路对滑动弧输出电压的需求。

当其中某个间隙(假设为 n_1)击穿形成放电通道后,n_1 可视为一个电阻,电路开始为 C_1(与间隙 n_1 串联的电容)充电,当 C_1 两端电压增加至足以使下一个放电间隙 n_2 导通时,间隙 n_2 击穿形成第二个放电通道,以此类推。多通道交流滑动弧放电电路与传统的直流多通道放电原理不同[2],电路中多个放电通道的击穿顺序具有一定随机性,即每个放电间隙有一定击穿延迟时间,击穿延迟时间与电源输出电压的上升沿时间、电容 C_n 准确值、电源与负载电路间阻抗匹配以及待击穿间隙与已击穿间隙的距离等参数有关,上升沿越抖、与放电通道间隙 n 串联的电容 C_n 容值越小、与已击穿间隙的距离越小,相应放电间隙的击穿延迟时间就越短。已击穿形成放电通道的间隙在电弧周围电离出很多电子等激发态粒子,与该放电通道的距离越近,场强就越强,空间中的电子密度越大,未击穿的放电间隙也就更容易吸引周边的电子,便于击穿放电,这种从附近放电通道中吸引电子的击穿放电方式也称为"诱导"击穿放电。多通道交流滑动弧放电系统中,各放电通道之间既可以互相促进击穿、又不会因为某一间隙无法击穿而整体失效,即其他放电通道可以继续放电,不受任何影响,这使得此种多通道滑动弧放电结构在实际应用中具有很高的可靠性与实用价值。

当进气速度为 $V = 50$ m/s 时,六通道滑动弧的放电过程及同步电流电压波形分别如图 8.4 和图 8.5 所示。$t_0 = 0$ ms 时,第一个放电间隙击穿,记为 B1(breakdown);$t_1 = 0.125$ ms 时,第二个放电间隙(B2)击穿,第三及第四个放电间隙(B3 和 B4)在 $t_2 = 0.17$ ms 时同时击穿;$t_3 = 0.4$ ms 时,第五个放电间隙(B5)击穿。随后,在气流的吹动下,5 个电弧通道开始沿着稳定器的内型面滑动;在 $t_4 = 6.4$ ms 时,最后一个放电间隙(B6)击穿,最终形成六通道滑动弧放电等离子体。六个电弧通道在气流的持续作用下不断拉伸,各个通道的电弧长度增加,电弧长度增加使得电弧之间阻抗增加,更大的阻抗需要更高的电流来维持电弧,即维弧电流,当电源输出电流小于维弧电流时,电弧通道就会熄灭。如图 8.4(h)所示,放电间隙 B1 首次击穿后电弧不断拉伸,在 $t_5 = 21.8$ ms 时拉伸至最大长度,电弧熄灭,并在最容易击穿的地方(一般为距离最近处)重新发生击穿,继续下一个运动过程。类似地,其他通道的电弧同样重复着击穿—拉伸—熄灭—再击穿的典型滑动弧运动过程,各个通道之间电弧的运动过程互不干扰。滑动弧可以在流向和展向两个方向同时滑动,巧妙利用了稳定器内复杂三维流场特征,增加了滑动弧与油气混合物的接触概率与接触时间,如图 8.4(i)、(j)所示。

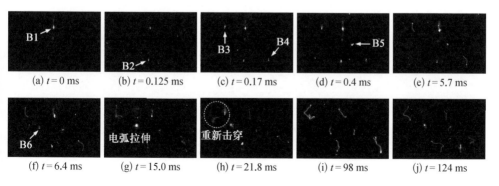

(a) $t = 0$ ms　　(b) $t = 0.125$ ms　　(c) $t = 0.17$ ms　　(d) $t = 0.4$ ms　　(e) $t = 5.7$ ms

(f) $t = 6.4$ ms　　(g) $t = 15.0$ ms　　(h) $t = 21.8$ ms　　(i) $t = 98$ ms　　(j) $t = 124$ ms

图 8.4　多通道滑动弧放电动态过程(进气速度 $V = 50$ m/s)

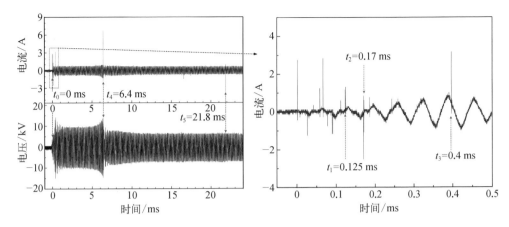

图 8.5 多通道滑动弧放电同步电流电压波形(进气速度 $V=50$ m/s)

多通道滑动弧放电的平均功率和能量密度随进气速度的变化如图 8.6 所示。对于六通道滑动弧放电,随着气流速度从 17 m/s 增加到 33 m/s,平均放电功率从 491 W 略微增加到 501.7 W,仅增加约 2.2%,而能量密度由 28.88 J/m 下降至 15.2 J/m,下降约 47.4%,能量密度的下降不利于油气裂解活化。当进气速度从 33 m/s 增加到 83 m/s,六通道滑动弧平均放电功率由 501.7 W 增加至 708 W,随后进气速度继续增加至 100 m/s,由于气流速度过大,电弧难以维持原有电弧长度,平均放电功率开始缓慢下降。能量密度随着进气速度的增加逐渐减小,减小的幅度逐渐变缓,进气速度由 50 m/s 增加至 83 m/s,能量密度由 12.12 J/m 减小至 8.59 J/m,减小约 29.1%。同工况下,由于电弧通道数减小,电弧的总长度和总阻抗减小,三通道滑动弧的平均放电功率比六通道小,能量密度减小约 28.1%。单通道滑动弧

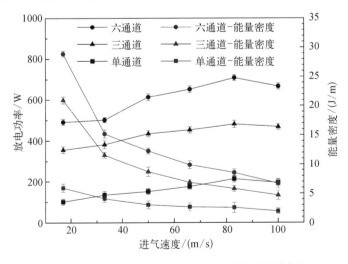

图 8.6 平均放电功率与能量密度随进气速度的变化

由于电弧通道数、总长度及总阻抗进一步减小,平均放电功率仅为三通道滑动弧的 40%左右,能量密度显著降低,降低为三通道滑动弧放电的 34.1%。多通道滑动弧由于具有多个放电通道及三维放电效果,可以显著增加滑动弧放电的电弧总长度,在更高的进气速度下,电弧通道的摆动及扭转更为剧烈,消耗的能量更大。三通道滑动弧虽比六通道滑动弧放电的能量密度稍小,但与单通道滑动弧相比,总的电弧放电功率与能量密度都有显著增加。

8.1.3 进气速度对油气活化效果的影响

固定煤油体积流量为 29 mL/min,施加三通道滑动弧放电,调节进气速度从 8.3 m/s 到 100 m/s(对应进气流量为 25~300 L/min),开展等离子体油气活化实验。图 8.7 为 H_2、CH_4、C_2H_4 和 C_2H_2 四种主要裂解活化组分产率随进气速度的变化,随着进气速度的增加,四种主要裂解活化组分产率先增加后缓慢减少,在进气速度为 50 m/s 时,各组分产率达到最大。H_2 产率由 8.3 m/s 时的 1.5 mg/s 增加至

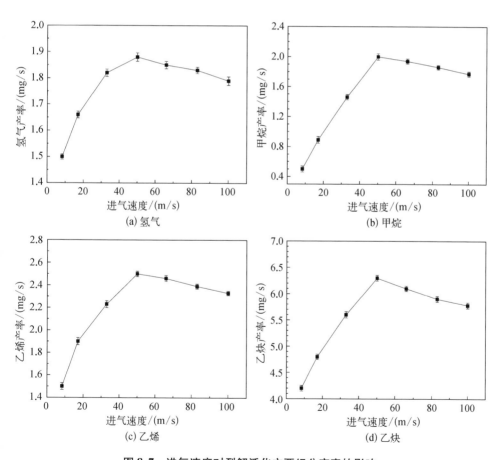

图 8.7 进气速度对裂解活化主要组分产率的影响

50 m/s 时的 1.88 mg/s,进气速度为 100 m/s 时,H_2 产率下降至 1.79 mg/s。首先,进气速度增加,三通道滑动弧的总放电功率随之增加,有利于电子与 N_2、O_2 之间的碰撞分解反应,产生更多激发态粒子,这些激发态粒子与煤油大分子之间发生碰撞离解等反应,生成更多气态小分子(如 H_2、CH_4、C_2H_4、C_2H_2)与高化学活性基团。当进气速度增加到一定值(本实验中为 50 m/s)后继续增加进气速度,受限于电源的输出功率及放电效率,电弧总放电功率不再增加,更大的进气速度导致滑动电弧长度缩短,电弧与空气的等离子体作用区域缩小,不利于激发态粒子的生成,使得裂解活化组分产率开始下降。

　　裂解活化产物中不同组分的化学反应速率和层流传播火焰速度不同,对点火性能及燃烧性能的改善也不同。H_2 和 C_2H_2 的存在可大幅减小最小点火能量,有利于缩短冲压燃烧室着火延迟时间、提高冲压燃烧室点火性能。CH_4 虽然结构简单,但相比 H_2 和 C_2H_2,CH_4 活性较低,对点火性能提高不明显。研究表明,H_2、C_2H_4 可明显缩短煤油着火延迟时间,C_2H_4 提高煤油点火性能的能力最突出[3]。四种主要裂解活化组分的选择性随进口速度的变化如图 8.8 所示,同工况下 H_2 的

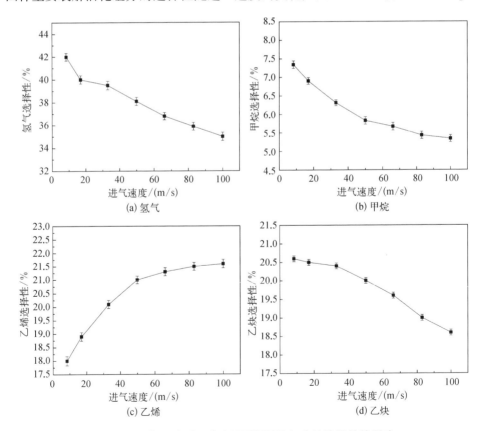

图 8.8　进气速度对四种主要裂解活化组分的选择性的影响

选择性最高，CH_4 的选择性最低。随着进气速度的增加，H_2、CH_4 和 C_2H_2 的选择性下降，而 C_2H_4 的选择性上升。进气速度的增加促进了热量耗散，使得等离子体作用区域的气体温度略有降低，降低了裂解活化反应速率，生成 H_2、CH_4 和 C_2H_2 的选择性下降；而乙烯是由大分子烷烃的 β—C—H 键直接断键并脱氢产生，且 H_2 和 C_2H_2 均通过消耗乙基生成，H_2 和 C_2H_2 的选择性下降使得直接生成 C_2H_4 的乙基数量增多，促进了 C_2H_4 选择性的上升。

保持煤油流量 29 mL/min 不变，三通道滑动弧放电的有效裂解率随进气速度的变化规律如图 8.9 所示，随着进气速度的增加，有效裂解率不断下降，速度为 8 m/s 时，有效裂解率为 11.3%，进气速度分别增加至 50 m/s 和 100 m/s 时，有效裂解率分别降为 9% 和 4.4%。进气速度增加主要带来两个方面的效应：物理效应和化学效应。一是物理效应：进气速度增加可以有效减小蒸发式火焰稳定器内煤油粒径，改善煤油雾化质量，有利于煤油分子与激发态粒子之间的碰撞。二是化学效应，进气速度增加使得三通道滑动弧的总放电功率增加，但能量密度大幅减小；而且进气速度增加不利于生成激发态粒子，从而抑制了激发态粒子与煤油大分子之间的裂解活化反应，不利于 C—C 键和 C—H 键等化学键的断裂，降低了有效裂解率。

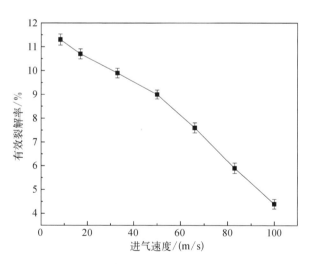

图 8.9　进气速度对有效裂解率的影响

8.1.4　燃油流量对油气活化效果的影响

固定氮气的进气速度为 50 m/s（对应进气流量为 150 L/min），施加三通道滑动弧放电，调节煤油流量从 19 mL/min 到 54 mL/min，获得三通道滑动弧油气活化组分产率随煤油流量的变化如图 8.10 所示。H_2、CH_4、C_2H_4 和 C_2H_2 的产率均随煤油流量的增加而增加，从 H_2 和 C_2H_4 的产率来看，当煤油流量从 19 mL/min 增加至 54 mL/min 时,H_2 的产率从 1.79 mg/s 增加至 1.93 mg/s,增加约 7.82%,C_2H_4 的产率从 2.2 mg/s 增加至 2.66 mg/s,增加约 20.9%;继续增加煤油流量,H_2 和 C_2H_4 产率增加速率变缓。实验系统通过增加煤油的供油压力来增大煤油流量,更大的供油压力可以提高燃油雾化质量,增加煤油分子与激发态粒子之间的有效接触面积,提高活化组分的产率。

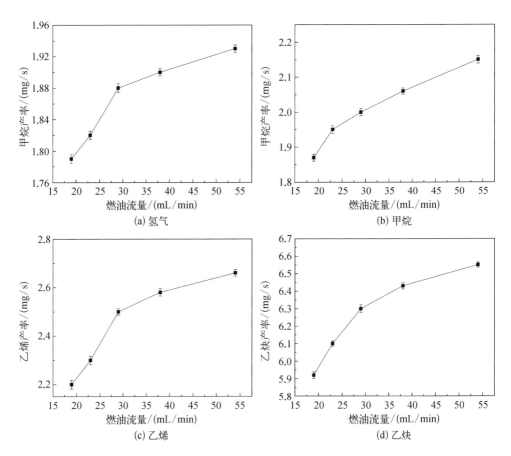

图 8.10　煤油流量对裂解活化组分产率的影响

不同煤油流量下裂解活化组分的选择性如图 8.11 所示,随着煤油流量的增加,H_2、CH_4 和 C_2H_2 的选择性下降,而 C_2H_4 的选择性上升。当煤油流量从 19 mL/min 增加至 54 mL/min 时,H_2 的选择性从 38.7% 下降至 38%,下降约 1.84%;C_2H_4 的选择性则从 20.6% 上升至 21.5%,上升约 4.37%;与 C_2H_4 的变化趋势相似,C_2H_2 的选择性增加约 5.3%,而 CH_4 的选择性由 5.56% 增加至 6.04%,增加约 8.63%。这说明在相同进气速度下,增加煤油流量使活化激励器内部的油气比增大,可以获得更高的 C_2H_4 和 CH_4 选择性。

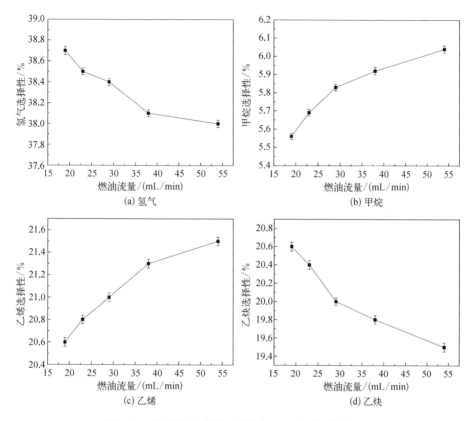

图 8.11 煤油流量对裂解活化主要组分选择性的影响

相同进气速度($V = 50$ m/s)条件下有效裂解率随煤油流量的变化如图 8.12 所示。随着煤油流量增加,煤油分子数增多,而滑动弧放电产生的高能电子数量有

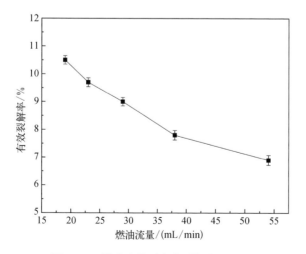

图 8.12 煤油流量对有效裂解率的影响

限,更多的煤油分子未经过与高能电子之间的碰撞反应便已离开等离子体作用区域,使得有效裂解率下降。

8.1.5 放电通道数对油气活化效果的影响

固定氮气的进气速度为 50 m/s(对应进气流量为 150 L/min),煤油流量为 29 L/min,改变滑动弧放电通道数(单通道、三通道和六通道),进行滑动弧等离子体油气活化实验,获得 H_2、CH_4、C_2H_4 和 C_2H_2 等四种主要裂解活化组分的产率如图 8.13 所示。相比于单通道放电,三通道滑动弧放电的 H_2 产率由 1.23 mg/s 增加至 1.83 mg/s,增加约 48.8%,C_2H_4 产率由 4.1 mg/s 增加至 6.3 mg/s,增加约 53.7%。而与三通道相比,六通道滑动弧放电的 H_2 和 C_2H_4 产率分别仅增加 9.3% 和 14.3%。放电通道数的增加一方面增加了放电总功率,有助于高能电子与煤油分子之间的碰撞,促进裂解活化反应,提高活化组分的产率。当通道数从三通道增加至六通道,由于总放电功率增加变缓,继续增加放电通道数对裂解活化组分产率的提高效果减弱。

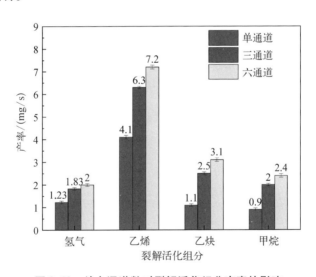

图 8.13 放电通道数对裂解活化组分产率的影响

放电通道数对裂解活化组分选择性的影响如图 8.14 所示。随着放电通道数增加,裂解活化组分中 H_2 和 CH_4 的选择性增加,C_2H_2 的选择性降低。相比单通道放电,三通道放电的 H_2 和 C_2H_4 的选择性分别提高约 4.7% 和 5.8%,由三通道继续增加至六通道滑动弧放电,两者的选择性变化趋势不同,H_2 的选择性增加约 1%,而 C_2H_4 的选择性则由 20% 减小至 19.4%,减小约 3%。因此,针对活性较高且点火助燃效果较好的 H_2 和 C_2H_4,三通道滑动弧放电情况下的选择性折中效果较好,更易取得点火助燃效果的收益。

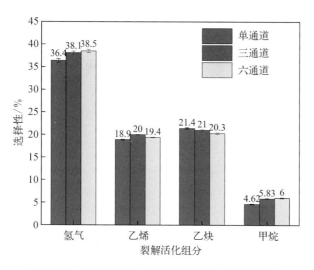

图 8.14　放电通道数对裂解活化组分产率的影响

放电通道数对有效裂解率的影响如图 8.15 所示,相同进气速度条件下,增加放电通道数可大幅提高有效裂解率。在进气速度为 50 m/s 时,单通道、三通道和六通道滑动弧放电的有效裂解率分别为 3.4%、9.1% 和 10.5%,三通道滑动弧放电可以将有效裂解率提升约 168%,而六通道滑动弧放电在三通道滑动弧放电的基础上可以提升有效裂解率约 15.4%。多通道滑动弧放电可以提高总放电功率,而且多通道滑动弧带来的总电弧长度大幅增加,显著提升了滑动弧等离子体作用区域,使得滑动弧等离子体几乎布满整个火焰稳定器,高能电子与煤油分子之间的碰撞加剧,增强了煤油的裂解活化反应,大幅提高了煤油分子的有效裂解率。

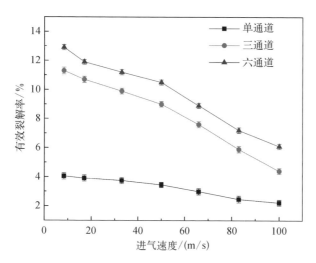

图 8.15　放电通道数对有效裂解率的影响(煤油流量为 50 mL/min)

蒸发式火焰稳定器多通道滑动弧等离子体油气活化的机理如图 8.16 所示。相比于传统的单通道滑动弧,多通道滑动弧显著增加了电弧总长度,电弧与气体之间的等离子体作用区域扩大,电离出更多的电子,促进生成更多激发态粒子。滑动弧放电的局部气体温度较高,一方面可有效促进煤油的雾化,降低煤油粒径,从而增加高能电子与气体分子、煤油大分子之间的接触面积;另一方面通过提高煤油温度,增强煤油活性,有利于煤油分子内 C—C 键及 C—H 键的断裂,提高裂解活化反应速率。在多通道滑动弧等离子体作用下,裂解活化组分产率和有效裂解率提高,H_2 和 C_2H_4 选择性的增强有助于增强燃烧室内火焰稳定器的点火性能,油气活化过程中生成的 H_2、C_2H_4 和 C_2H_2 等气态小分子有利于煤油充分燃烧,促进高效燃烧。

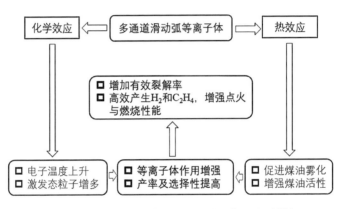

图 8.16 多通道滑动弧等离子体调控油气活化特性机理

8.2 亚燃冲压燃烧室试验系统与方法

8.2.1 试验系统

亚燃冲压燃烧室直连式试验台具备进口气流条件定点可调能力,试验台可以模拟高空 20 km 环境,燃烧室进口最大流量为 1.5 kg/s,进口总压为 0.03 ~ 0.1 MPa,采用电加热方法加热进口空气实现进口总温在 290 ~ 500 K 连续可调,通过改变喷管喉道面积实现进口马赫数在 0.1 ~ 0.3 定点可调。试验过程中进口空气参数及发动机燃烧室煤油流量均可实现自动化控制,通过人工操作远程计算机实现。亚燃冲压燃烧室直连式试验台主要包括:亚燃试验台台体设备、介质供应系统(含空气、氮气、煤油及冷却水供应系统)、控制系统、数据采集系统以及光学诊断等测试设备。

试验台原理图如图 8.17 所示,试验过程为:试验前根据所需试验工况设定加热参数,调节来流空气、发动机煤油容器压力等介质参数,启动数据采集系统、视频监控系统,启动电加热器,来流空气减压调节后经电加热器、换向装置后排空,监测电加热器后气流指标满足试验工况要求后起动试验控制程序,换向装置切换至发动机燃烧室,发动机供应燃油并点火进行性能试验,试验程序结束后按顺序关闭各介质系统并进行压力卸荷,试验结束。

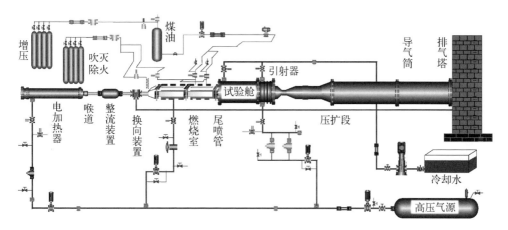

图 8.17 亚燃冲压燃烧室直连式试验台原理图

蒸发式火焰稳定器模型及燃烧室模型与前面一致,不同的是在火焰稳定器上游 120 mm 处布置一支喷油杆,沿燃烧室展向均布两排四个直径 0.4 mm 的喷油孔,喷油方向与来流方向垂直,用来测试燃烧性能。等离子体激励亚燃冲压燃烧室如图 8.18 所示,等离子体点火助燃激励器由燃烧室侧壁点火器安装孔插入稳定器内,原位替换原有高能火花点火器,在

图 8.18 等离子体激励式亚燃冲压燃烧室

分布管小孔及二次进气孔的来流空气驱动下,依靠在展向插入不同深度的三个电极与稳定器内部同时形成三个滑动弧放电通道。电极在圆形底座上呈三角形布置,放电端电极伸出陶瓷管约 1 cm 并弯折约 60°,目的是缩短放电间距,保证在油雾场密集分布的情况下依然能够击穿形成稳定的三通道滑动弧放电,如图 8.19 所示。图 8.19 左边是数码相机拍摄的侧视图,滑动弧放电等离子体电放呈现明亮的紫色,中间和右边分别为三通道滑动弧放电的正视图及侧视图,由高速相机拍摄,相机帧频设置为 50 000 Hz,曝光时间为 30 μs。等离子体点火助燃激励器不引入任何额外气源,具有结构简单、重量和尺寸与原有火花点火器一致、可原位替换的优点。

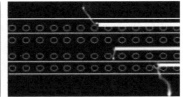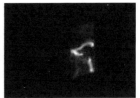

图 8.19　三通道滑动弧放电

为研究亚燃冲压燃烧室等离子体点火助燃激励特性、分析蒸发式火焰稳定器点火动态过程并揭示等离子体点火助燃机理,试验中采用高速 CCD 相机结合 CH* 带通滤波片拍摄点火过程,CCD 相机、图像增强器结合 CH 基窄带滤波片捕捉燃烧状态下的 CH 基自发光信号。通过一只 K 型热电偶(测温范围 0~1 000℃,精度 0.5%)测量燃烧室进口温度,燃烧室出口温度由安装在燃烧室出口截面(靠近喷管处,距离稳定器尾缘约 1 m)的总温测量耙进行测量,如图 8.20(a)所示。进口总压采用单点总压探针测得,出口总压由出口总压耙测量,如图 8.20(b)所示。考虑到流场的对称性以及尽量避免热壅塞,总温耙及总压耙测点分别均布于燃烧室出口展向截面的半个截面,总温耙共 24 个测点,满足燃烧室出口温度测点的最小要求[4],出口总压通过 12 个测点的总压耙测得。总温耙采用 B 型双铂铑热电偶,长期使用可测最高温度为 1 600℃,短暂使用可测最高温度为 1 800℃。采用 NI - PXIe - 1082 中的 NI - PXIe - 4353 模块采集热电偶温度信号,测量精度≤0.26℃。

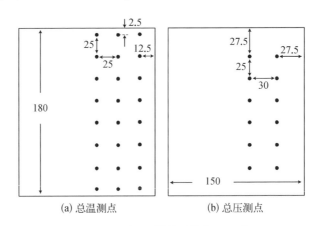

(a) 总温测点　　　　　　(b) 总压测点

图 8.20　出口测量耙(单位: mm)

8.2.2　试验工况及试验方法

1. 飞行器爬升曲线与试验工况

吸气式组合动力飞行器的飞行状态对发动机的性能至关重要,因此,合理设计组合动力飞行器的爬升轨迹是尽可能完全发挥发动机的性能、实现最大推进效益的可靠保证。为降低难度、简化设计方案,组合动力飞行器通常采用接近等动压的飞行弹道[5],组合动力飞行器从地面到高空巡航一般经过几个阶段:从地面水平起飞,爬升到一定高度并达到一定速度后,采取等动压爬升以提高发动机的性能,在等动压飞行弹道下,热流密度随着高度的增加逐渐增加,为防止超过最大可承受热流密度,飞行器需要转至等热流飞行弹道。飞行轨迹如图 8.21(a)所示。研究涡轮冲压组合动力(TBCC)冲压级的起动下边界(马赫数为 1.0~2.5),主要采用等动压飞行弹道爬升,采用基于过载约束、动压约束及热流约束而优化的飞行轨迹[6],优化后的飞行轨迹如图 8.21(b)中实线所示。

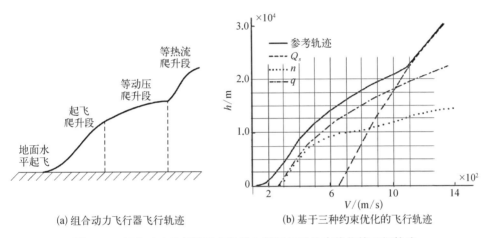

(a) 组合动力飞行器飞行轨迹　　　(b) 基于三种约束优化的飞行轨迹

图 8.21　组合动力飞行器飞行轨迹与基于三种约束优化的飞行轨迹

通常发动机的工作包线主要由可靠工作的最小动压及最大动压边界决定,如图 8.22(a)所示,对于亚燃冲压发动机,通常最低动压为 40~50 kPa。为了拓宽亚燃冲压发动机起动的下边界,选取 20 kPa、30 kPa、40 kPa 三个动压作为等动压飞行

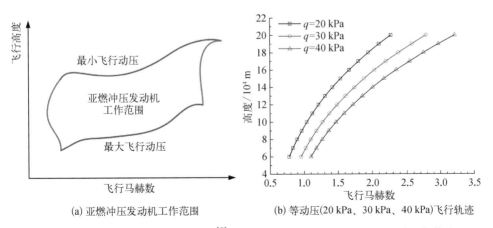

(a) 亚燃冲压发动机工作范围　　　(b) 等动压(20 kPa、30 kPa、40 kPa)飞行轨迹

图 8.22　亚燃冲压发动机工作范围[7]及等动压(20 kPa、30 kPa、40 kPa)飞行轨迹

弹道,开展亚燃冲压发动机燃烧室点火及稳定燃烧边界的研究,三个等动压飞行轨迹如图 8.22(b)所示。

计算得到燃烧室的进口参数,如表 8.2 所示。本章中的点火与燃烧特性试验选取的燃烧室进口参数均在表中所列进口参数范围之内。

表 8.2　计算得到不同动压下发动机设计点及燃烧室进口参数

序号	飞行高度 H/km	飞行马赫数 Ma	飞行动压 q_0/kPa	进口总温 T_0/K	进口总压 P_0/kPa
1	8	1.1	30.2	293	75.9
2		1.3	42.2	316	97.3
3	10	1.3	31.3	299	72.3
4		1.5	41.7	324	92.4
5	12	1.5	30.6	314	69.1
6		1.7	39.2	342	91.3
7	14	1.4	19.4	302	44.1
8		1.7	28.7	342	66.7
9		2	39.7	390	102.6
10	16	1.7	20.9	342	48.7
11		2	29.0	390	74.9
12	18	2	21.2	390	54.8
13		2.4	30.5	466	97.5
14	20	2.3	20.5	446	61.7

2. 试验方法

针对燃烧室进口总压 30~110 kPa、总温 290~500 K 的参数变化区间研究等离子体激励作用下的亚燃冲压燃烧室点火特性及燃烧性能,以获得等离子体激励亚燃冲压燃烧室的稳定工作范围。

1) 点火特性试验方法

冲压发动机起动往往以冲压燃烧室点火成功并自持稳定燃烧为标志。涡轮发动机与冲压发动机的接力点,也是冲压发动机工作的起点,冲压燃烧室在模态转换初期面临低总温、低总压(简称低工况参数)的问题,稳定器下游燃油雾化质量与蒸发速率显著降低,油气混合气活性大幅降低,所需最小点火能量明显升高,导致冲压燃烧室可靠点火极其困难。

冲压燃烧室的点火边界主要包括最低进口温度边界(对应 $H-V$ 曲线点火包线向 x 轴负方向拓展)、最低进口压力边界(对应 $H-V$ 曲线点火包线向 y 轴正方向拓展)、最大进口马赫数边界以及最低油气比边界。本章主要针对最低进口温度及最低进口压力展开研究。

点火特性试验中,保持燃烧室进口马赫数 $Ma=0.2$。点火特性试验时序如图 8.23 所示,试验前,根据来流参数与既定当量比确定煤油流量,再由事先标定好的供油压力与煤油流量关系式确定煤油容器的供油压力。试验过程中,首先同时打开引射器与冷却水,使燃烧室形成低压环境,并为燃烧室及排出燃气的引射器降温。1 s 后待燃烧室形成稳定低压环境后,打开滑动弧等离子体点火助燃激励器(或高能火花点火器)以及高速相机,0.5 s 后打开副油路(稳定器供油),约 5 s 后关闭点火助燃激励器(或点火器),再经过 5 s 后关闭副油路,相隔 0.5 s 后分别关闭高速相机及引射器/冷却水,单次点火试验结束。若点火过程中,观察到持续发展的明亮火焰,且 5 s 时关闭点火助燃激励器(或点火器)后火焰仍能够维持稳定燃烧,则认为点火成功。同工况下重复进行 3 次点火试验尝试,若 3 次均点火失败,则认为该工况下无法成功点火。改变燃烧室进口温度、压力,获得不同进口参数下的点火压力及温度边界。采用常规火花点火器来与滑动弧等离子体对比,点火实验中,滑动弧等离子体起到点火的作用,而在助燃特性实验中,滑动弧等离子体由于持续放电,同时起到点火及助燃的双重效果。

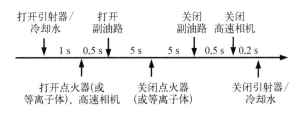

图 8.23　点火特性试验时序

2)助燃特性试验方法

等离子体助燃特性主要指燃烧性能,包含总压损失、出口温度分布特性与燃烧效率参数,助燃特性的试验时序如图 8.24 所示。助燃特性的实验过程与点火特性相似,不同的是,点火实验中仅打开副油路,副油路打开 10 s 后关闭,主油路始终处于关闭状态,点火器(或滑动弧等离子体)打开约 5.5 s 后关闭,来验证点火是否成功;燃烧性能实验中,在可燃进口压力范围内首先打开点火器(或滑动弧等离子体)及副油路确保值班蒸发式火焰稳定器点火成功,约 5 s 后打开主油路,经过约 30 s 后关闭主副油路及点火器(或滑动弧等离子体),来测试稳定燃烧工况下的出口温度,获得燃烧效率。

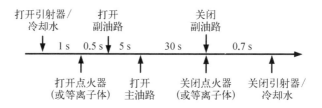

图 8.24   助燃特性试验时序

当冲压燃烧室进口温度降至 320 K(对应飞行马赫数 1.5 左右)以下,温度已远低至煤油初馏点(约 423 K)以下,由雾化特性试验结果可知,煤油雾化质量显著恶化,煤油基本上没有蒸发,化学反应速率和火焰传播速度(与温度的 1.5~2 次方成正比)大幅下降,在上述两方面的综合作用下,燃烧室火焰稳定性能恶化、煤油未能充分燃烧便经喷管排出,燃烧效率降低。

3. 燃烧效率计算方法及误差分析

燃烧效率采用等温燃烧焓差法计算得到,对于冲压燃烧室,燃烧效率采用下面公式计算:

$$\eta = \frac{c_p T_4^* - c_p T_3^* + f_{AB}(iT_4^* - iT_0^*)}{f_{AB} \cdot H_f} \tag{8.7}$$

式中,$c_p T_4^*$ 和 $c_p T_3^*$ 分别代表冲压燃烧室出口、进口的空气焓,iT_4^* 和 iT_0^* 表示温度分别为 T_4^* 和 288.16 K 时的等温燃烧焓差,以上数值均可以通过燃烧室设计手册查出[8],f_{AB} 为冲压燃烧室的总油气比,η 为计算得到的燃烧效率。

燃烧室出口温度由 B 型铠装热电偶测得,在高温环境下,热电偶的热电极端面与周围环境之间的辐射换热在热传递中占主导作用,远大于对流换热消耗的热量,因此只考虑由辐射换热带来的温度误差,对出口温度作如下修正[9]:

$$T_g = T_{tc} + \frac{\varepsilon_{tc} \sigma_0 d}{kNu}[(T_{tc}^4 - T_w^4)] \tag{8.8}$$

式中,T_g 代表出口燃气真实温度;T_{tc} 代表 B 型热电偶实际测得温度;$\varepsilon_{tc} = 0.22$ 为辐射率;σ_0 为斯特藩-玻尔兹曼常数,$\sigma_0 = 5.67 \times 10^{-8}$ W/($m^2 \cdot K^4$);d 代表热电偶的热电极球头直径,试验中 d 为 1 mm;k 与 Nu 分别代表导热系数与努塞特数。

8.3   亚燃冲压燃烧室等离子体点火特性

在亚燃冲压发动机直连式试验台上进行了模拟低总温、低总压燃烧室进口参数下的点火特性试验,重点研究进口参数与滑动弧等离子体激励对点火边界、着火延迟时间的影响。

8.3.1　点火边界

影响点火性能的因素有很多,包括进口压力、温度、油气比、进口马赫数、火核的大小和火核的持续时间。为保持不同进口参数下点火试验的油气比恒定,煤油的质量流量根据进口气流质量流量进行调整。为了研究滑弧等离子体激励下的点火性能,采用频率为 10 Hz、储能为 12 J 的常规火花点火器(spark igniter,SI)点火进行对比。在一定进口温度和速度下点火成功后,重复进行至少 3 次点火试验,测得保证能成功点火的最低进口压力,即为该进口温度和进口速度下的最小点火压力边界。图 8.25 为不同进口温度下分别采用火花点火器与滑动弧等离子体点火的最小点火压力边界,进口温度为 487 K 时,采用常规火花点火器点火,可以成功点火的最低进口压力为 50 kPa,而采用滑动弧等离子体点火在燃烧室进口压力为 35 kPa 时依然可以成功点火并维持稳定燃烧。当进口温度为 290~487 K 时,滑动弧等离子体点火可以将最低点火压力边界拓宽 14%~30%。

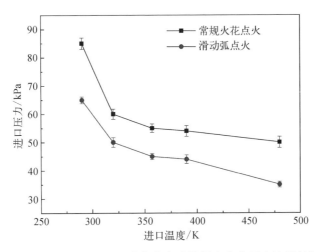

图 8.25　不同温度下两种点火方式的最小点火压力边界(进口马赫数 $Ma=0.2$,当量比 $\varphi=0.552$)

8.3.2　着火延迟时间

1. 进口压力的影响

调节电加热器加热功率、燃烧室进口空气流量与煤油流量,实现在维持进口温度(357 K)、进口马赫数(0.2)与当量比(0.552)不变的前提下,只改变燃烧室进口压力(30~110 kPa),获得不同压力下的点火动态过程如图 8.26 所示。由于常规火花塞可以成功点火的最小进口压力为 55 kPa,为分析较低气压下的点火过程,采用滑动弧点火方式来对比不同进口压力对着火延迟时间的影响,且滑动弧在点火过程中一直处于开启状态。着火延迟时间定义为:从火花塞或滑动弧放电诱导初始

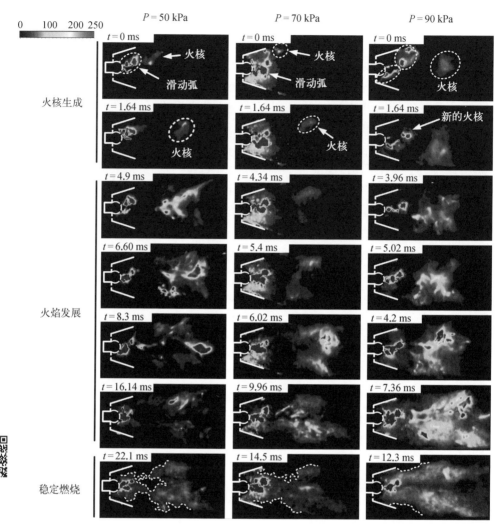

图 8.26　不同进口压力下等离子体火焰稳定器点火过程(CH* 自发光信号)

火核形成到形成相对稳定火焰的时间,对点火过程中火焰亮度统计分析得到火焰亮度发展随时间变化曲线和稳定火焰的平均亮度值,相对稳定即火焰亮度首次达到平均亮度值的时间。

在高压等离子体电源的激励下,等离子体点火助燃激励器的三根电极与火焰稳定器分布管或上下盖板之间击穿形成电弧等离子体通道,并在来流空气的吹动下不断重复击穿—拉伸—熄灭—再击穿的典型滑动弧运动过程。点火过程中将火花塞或滑动弧放电等离子体诱导产生初始火核的时刻定义为零时刻,即 $t = 0$ ms。不同气压下初始火核均产生于滑动弧拉伸至较长的时刻,此时滑动弧的瞬时放电功率较高,瞬间释放并传递给油气混合物的热量高,更高的放电功率会加速裂解煤油/空气混合物产生更多活性小分子,从而更容易诱导生成初始火核。当进口压力为 50 kPa 时,初始火核形成后开始沿着所在位置瞬时流场方向在火焰稳定器的回流区内逐渐发展、壮大,形成更大的局部火焰并向上游分布管处移动,在 $t = 22.1$ ms 时,火焰前锋面接近分布管处,火焰释放热量速率与热量耗散的速率基本持平,形成相对持续稳定的火焰。火焰稳定在蒸发式火焰稳定器尾缘的回流区内,因而,也称为钝体回流区火焰稳定模式。

进口压力增大至 70 kPa 时,从初始火核形成、发展成局部火焰到初步形成稳定火焰的着火延迟时间由 22.1 ms 缩短为 14.5 ms,着火延迟时间缩短约 34.3%;进一步增大进口压力到 90 kPa,在 $t = 0$ ms 时,初始火核(称为"火核一")产生,1.64 ms 后,滑动弧放电又诱导产生了新的初始火核(称为"火核二"),在 $t = 3.96$ ms 时,体积较小的"火核二"与体积较大的"火核一"相互融合、壮大成为更大的火核,逐渐发展形成稳定的火焰。由 3 个不同进口压力下火焰稳定燃烧的 CH* 自发光瞬时图像来看,火焰形态在低气压下更不规则,火焰面弯曲程度更大,气压升高后,火焰前锋面更靠近上游分布管边缘,火焰形态更为均匀,火焰长度更长且整体火焰亮度更高,说明燃烧释热更大,燃烧更为充分。

在进口温度为 357 K,进口马赫数为 0.2,全局当量比为 0.552,采用滑动弧等离子体点火时,获得不同进口压力(50~110 kPa)下的着火延迟时间如图 8.27 所示。气压升高,煤油/空气两相混合气的 Lewis 数随之增大,初始火核发展形成局部火焰的火焰厚度增加,从而增加了火焰传播速度。煤油在更高气压下雾化蒸发速率增大,稳定器尾缘油雾场中粒径分布均匀度指数更高,索特平均直径更小,在假设火焰生成热速率不变的前提下,一个尺寸更小、分布更均匀的煤油液滴蒸发所吸收的热量更少,因此,火焰产生的热量可以使更多数量的煤油液滴蒸发,煤油蒸气

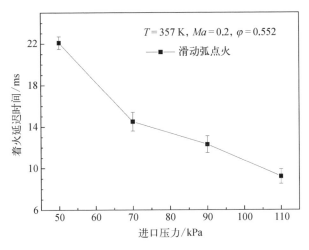

图 8.27　进口压力对着火延迟时间的影响

在回流区内的数量和密度增大,火焰传播速度随之增加,从而缩短着火延迟时间。

2. 进口温度的影响

调节电加热器功率,由气体流量公式换算得到保持进口压力为 70 kPa 不变所需的进口空气流量,调节喷油压力维持油气比在 0.552,获得不同进口空气温度下滑动弧等离子体点火过程 CH^* 自发光信号如图 8.28 所示。

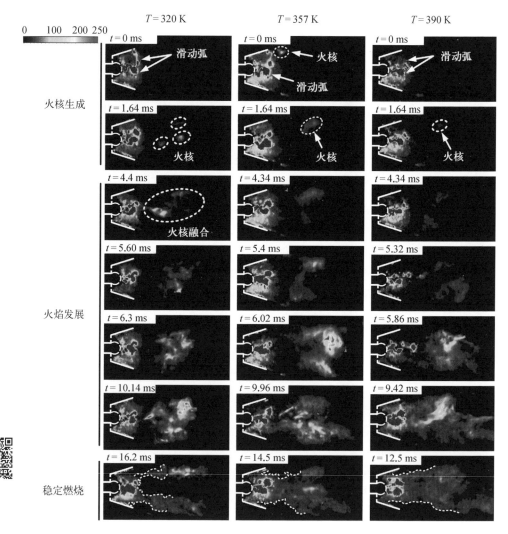

图 8.28　不同进口温度下多通道滑动弧等离子体火焰稳定器的点火过程(CH^* 自发光)

进口温度为 320 K 时,在 $t = 0$ ms 时刻可以看到三个明亮的滑动弧等离子体通道(由于放电是三维变化,二维侧视图中有一个放电通道可能会被另外两个通道覆盖),1.64 ms 后三个滑动弧放电等离子体通道同时诱导产生了 3 个体积相差不大、亮度稍有区别的初始火核(如图中白色虚线圈所示),3 个初始火核发展壮大的过程中在 $t = 4.4$ ms 时出现融合现象,且可以明显看到滑动弧放电仍然持续产生初始火核并与融合的局部火焰相互交织,最终在 $t = 16.2$ ms 时形成稳定火焰,火焰形态呈现像"V"的中空形状。提高进口温度,保持其他参数不变,初始火核发展到最终形成稳定火焰的时间缩短,在进口温度为 357 K 和 390 K 时,火焰形态均未出现 320 K 时的中空形态。分析认为,进口温度为 320 K 时,煤油雾化质量不好,燃烧产生的热量不足以使其完全蒸发,造成中轴线附近燃油未完全燃烧。

　进口压力和当量比分别保持 70 kPa 和 0.552 不变,定量分析进口温度分别为 290 K、320 K、357 K、390 K 和 487 K 时火焰区域归一化亮度随时间的变化如图 8.29 所示(火焰稳定后取 100 张图像进行平均,得到归一化火焰区域亮度值,虚线的横坐标值即为着火延迟时间,图中已用箭头标注)。进口温度增加,煤油雾化质量有所改善,煤油雾化蒸发所消耗热量减少,化学反应区(主要在回流区及剪切层)内燃烧积累的热量更多;而且,进口温度增加会使得理论燃烧温度升高,更高的化学反应区温度反过来会加快燃烧化学反应速率,使反应释热速率增加,从而增加火焰传播速度,缩短着火延迟时间。

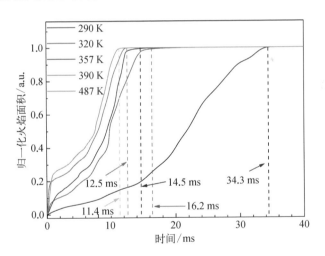

图 8.29　进口温度对着火延迟时间的影响(进口压力 $P = 70$ kPa,
进口马赫数 $Ma = 0.2$)

3. 点火方式的影响

　保持进口温度为 320 K,进口压力为 70 kPa,进口马赫数为 0.2,当量比为 0.552,获得常规火花塞与滑动弧等离子体点火助燃激励器两种点火方式的点火过程 CH^* 自发光信号如图 8.30 所示。在 $t = 0$ ms 时,常规火花塞放电形成一个非常明亮的区域并在 $t = 1.64$ ms 时诱导产生初始火核,而多通道滑动弧等离子体在此时诱导产生了 3 个初始火核,3 个初始火核之间相互融合形成更大的初始火核,产

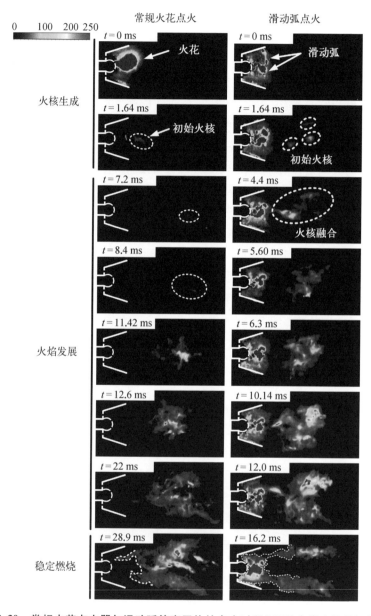

图 8.30　常规火花点火器与滑动弧等离子体的点火过程(CH* 自发光信号)对比

生的热量被团聚在一起,更不易被耗散。从最后一组火焰稳定的图像来看,滑动弧等离子体激励可以将着火延迟时间从 28.9 ms 缩短至 16.2 ms,缩短约 44%;火焰形态及位置来看,由于进口温度较低,两者在稳定器回流区中轴线处均出现了火焰"中空"现象。常规燃烧(无施加激励)的火焰前锋面位置距离燃油分布管更远,火焰向下游抬升,且火焰面出现局部断裂,导致火焰面进一步缩小,容易引起火焰燃烧振荡及熄火。施加滑动弧等离子体激励下,火焰未出现向下游抬升现象,火焰前锋面靠近燃油分布管,火焰面没有出现明显局部断裂,火焰燃烧更稳定。因此,滑动弧等离子体激励可显著减弱火焰向下游抬升,促使火焰更加稳定。

　　不同进口压力下分别采用常规火花点火器与滑动弧等离子体进行点火试验,获得进口温度分别为 320 K、390 K 和 487 K 时滑动弧等离子体对冲压燃烧室着火延迟时间的影响,结果如图 8.31 所示。图中虚线表示采用常规火花点火方式,实线表示采用滑动弧等离子体点火方式,在进口压力为 70 kPa、90 kPa 和 110 kPa 时,滑动弧可以有效缩短着火延迟时间 38%~55%。滑动弧等离子体激励缩短着火延迟时间的原因,主要有两方面:一是热效应,多通道滑动弧放电等离子体具有比普通滑动弧更大的放电激励区域,既可以显著改善稳定器回流区内的煤油雾化质量,又可以诱导产生更多数量的初始火核(从图 8.30 点火过程 CH* 分布来看,在 t = 1.64 ms 时,三条滑动弧同时诱导出 3 个初始火核),产生更多的热量,加热稳定器回流区内两相混合气,初始火核之间相互融合,加快局部火焰向全局稳定火焰的传播速度。二是化学活性效应,多通道滑动弧等离子体可以产生活性自由基,将部分煤油大分子裂解重整为 H_2、C_2H_4、CH_4 等高化学活性轻质小分子,这些气态小分子不但具有更高的火焰传播速度,而且可以改变化学反应路径,促进燃烧化学反应速率,着火延迟时间随之降低。

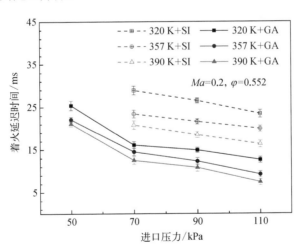

图 8.31　等离子体激励对着火延迟时间的影响

SI 为火花点火器;GA 为滑动弧等离子体

8.4　亚燃冲压燃烧室等离子体助燃特性

　　在点火特性实验中,验证了滑动弧等离子体激励蒸发式火焰稳定器可以显著拓展燃烧室点火的压力与温度边界。评判发动机燃烧室性能的标准不仅是点火性能,燃烧性能的好坏对冲压发动机的推力性能至关重要,本节针对低工况进口参数下冲压燃烧室的燃烧性能开展研究。

8.4.1   总压损失

冲压燃烧室的流阻损失(也称总压损失系数)是衡量发动机燃烧室性能的关键指标。冲压燃烧室的流阻损失主要分为两类:冷态流场下的流阻损失以及燃烧状态下的热阻损失。冷态流阻损失主要包括火焰稳定器气动损失、气流与气流之间以及气流与冲压燃烧室内壁面之间的摩擦损失。热阻损失主要指燃烧加热引起的阻力损失。

开展了冷态吹风流阻试验以及不同当量比和等离子体激励下的总压损失特性试验。燃烧室进口总压 P_3^* 由单点总压探针测得,探针头部位于燃烧室截面中央。燃烧室出口总压 P_4^* 由 12 点总压耙测得,将测量得到的 12 个位置处的出口总压平均后得到出口平均总压。进口温度为 320 K,进口压力为 60 kPa,进口马赫数为 0.2 时,获得不同当量比(0.324~1)下的热态损失如图 8.32 所示,总压损失系数随当量比的增加逐渐增大,当量比从 0.324 增加到 1 时,总压损失系数从 7.6% 增大至 9.2%。主要原因在于当量比增加,单位空气流量与更多的煤油掺混、燃烧,释放出更多热量并带来更高的温升,在燃烧室稳定器下游逐渐形成热壅塞,燃烧室的总压损失增大。由于滑动弧等离子体激励仅引入了三根直径 3 mm 的放电电极,且电极均位于蒸发式火焰稳定器的低压回流区内,而且从图 8.32 中滑动弧等离子体引入前后总压损失的对比来看,滑动弧等离子体激励对总压损失系数基本无影响。

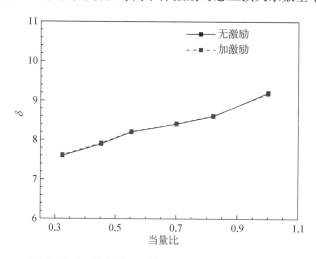

图 8.32   不同当量比下的总压损失系数($Ma = 0.2$,
         $T = 320$ K, $P = 60$ kPa)

8.4.2　出口温度分布

冲压发动机燃烧室出口温度分布不均匀会导致喷管受热不均,严重时可能会导致变形,大幅降低喷管与机匣的可靠性与寿命,影响飞行器的性能和安全。在火焰稳定器设计之初就应考虑燃烧室出口温度分布均匀性这一重要指标,本章进行了不同当量比及等离子体激励下燃烧室出口温度分布特性实验,采用燃烧室出口温度分布系数(overall temperature distribution factor,OTDF)和出口径向温度分布系数(radial outlet temperature distribution factor,RTDF)来定量分析冲压燃烧室出口温度分布均匀性。OTDF 定义为 24 个出口总温测点中温度最高值与出口温度平均值和燃烧室温升的比值:

$$\text{OTDF} = \frac{T_{4\max} - T_{4\text{avg}}}{T_{4\text{avg}} - T_3} \qquad (8.9)$$

式中,$T_{4\max}$ 代表 24 个出口总温测点中温度最高值;$T_{4\text{avg}}$ 为出口温度平均值;T_3 为燃烧室的进口温度。

径向温度分布系数定义为在相同半径下沿周向测温取平均值后得到最大径向温度与出口温度平均值和燃烧室温升的比值:

$$\text{RTDF} = \frac{T_{4\text{rmax}} - T_{4\text{avg}}}{T_{4\text{avg}} - T_3} \qquad (8.10)$$

式中,$T_{4\text{rmax}}$ 表示在相同半径下沿周向测温取平均值后得到的最大径向温度。

1. 当量比的影响

进口温度为 390 K、进口压力为 70 kPa、进口马赫数为 0.2 时,获得当量比对出口温度分布特性的影响如图 8.33 所示,出口温度呈"M"形分布,随着当量比增加,

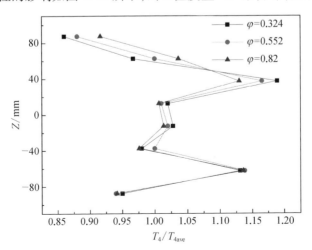

图 8.33　当量比对出口温度分布特性的影响

$z=-20\ \text{mm}$ 到 $z=50\ \text{mm}$ 之间的出口温度有所下降,$z>50\ \text{mm}$ 的出口温度略有上升,说明当量比增加使得燃烧室的出口温度分布更为均匀。

2. 等离子体激励的影响

进口马赫数为 0.2、总温为 390 K、总压为 70 kPa、当量比为 0.552 时,记录 24 个测点的出口温度分布如图 8.34 所示。图 8.34(a)为没有等离子体激励的出口温度分布,图 8.34(b)为施加滑动弧等离子体激励前后燃烧室出口温度(24 个测点),在 $t=2\ \text{s}$ 和 $t=11\ \text{s}$ 时,温度分布分别有明显的凹陷与凸起现象。推测是由于在较低的进口压力下,燃烧室内煤油雾化质量下降,粒径较大的煤油液滴数目增多,稳定器下游油雾场粒径均匀度指数下降,粒径的变化幅度较大。粒径较小时,

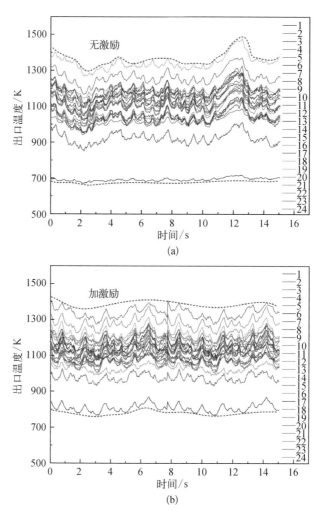

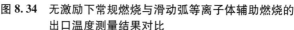

图 8.34 无激励下常规燃烧与滑动弧等离子体辅助燃烧的出口温度测量结果对比

雾化蒸发速率增加,更多的煤油得到充分燃烧,出口温度增加;反之,出口温度下降。

施加滑动弧等离子体激励后,温度波形如图8.34(b)所示,出口温度分布更为均匀,测得最低的出口温度为800 K左右,温度振荡幅度明显减小。滑动弧等离子体产生的热效应、化学效应与输运效应,一方面降低了煤油粒径,提高了煤油雾化质量,增加了雾化蒸发速率;另一方面滑动弧将部分煤油大分子裂解活化,生成化学活性较高的气态小分子与小分子基团,改变了化学反应路径,提高了化学反应速率,雾化蒸发与化学反应速率的提高共同促进了煤油的充分燃烧,降低了燃烧室出口温度振荡,提高了燃烧室出口温度。

将图8.34中记录的燃烧室出口温度进一步处理得到出口温度分布如图8.35所示,与增加当量比类似,$z = 20$ mm到$z = 50$ mm之间的出口温度有所下降,$z > 50$ mm的出口温度略有上升,其他测点的温度变化较小,说明滑动弧等离子体激励使燃油雾化分布更为均匀,提高了燃烧室出口温度分布的均匀性。

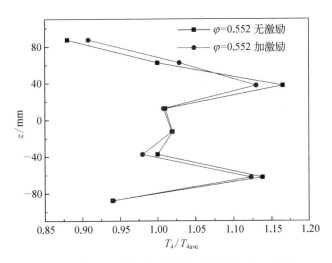

图8.35 等离子体激励对燃烧室出口温度分布的影响

保持进口马赫数为0.2、总温为390 K、总压为70 kPa不变,改变当量比,获得不同当量比下滑动弧等离子体激励对OTDF与RTDF的影响规律如图8.36所示。OTDF随着当量比的增加先大幅减小后略有增加,未施加等离子体激励时,OTDF在当量比为0.552时达到最小值0.25,在此当量比下施加滑动弧等离子体激励可以将OTDF值减小为0.235,减小约6%。RTDF随着当量比的增加而减小,施加滑动弧等离子体激励可以将RTDF值平均减小约5.6%。滑动弧等离子体激励使燃油粒径尺寸分布更为均匀,产生了高化学活性小分子,提高了燃烧室出口温度分布的均匀性。

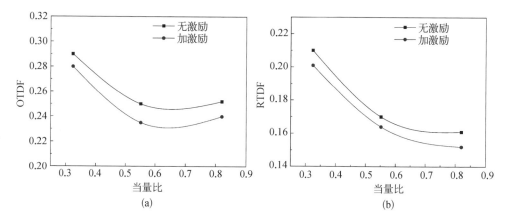

图 8.36 当量比和等离子体对 OTDF 和 RTDF 的影响

8.4.3 燃烧效率

保持进口马赫数为 0.2、温度为 487 K、当量比为 0.552,得到不同进口压力下燃烧室燃烧过程的平均 OH* 化学发光信号图像如图 8.37 所示,左边三幅图像采

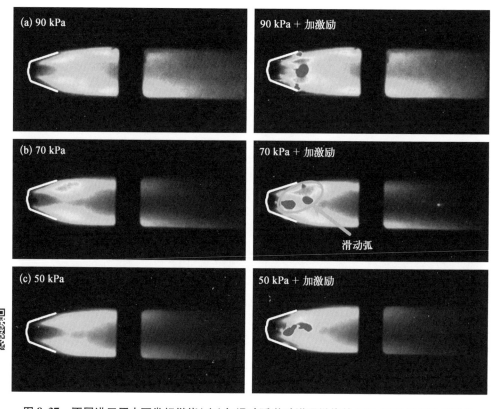

图 8.37 不同进口压力下常规燃烧(左)与滑动弧激励增强燃烧的平均 OH* 发光信号对比

用滑动弧点火,点火成功以后关闭等离子体激励,右边三幅图像采用滑动弧点火且点火成功后保持打开滑动弧等离子体激励。图中的白线代表蒸发式火焰稳定器,棕色圆圈内的红色区域代表滑动弧等离子体。OH^* 化学发光信号的强度随着燃烧室进口压力的增加而增强,滑动弧等离子体激励下,OH^* 化学发光信号的亮度更强,表明煤油燃烧的火焰更旺,燃烧更为充分。

图 8.37(b)中火焰燃烧过程的自发光图像对比如图 8.38 所示,上图为打开滑动弧等离子体激励,火焰稳定器内部有一个连续明亮的滑动弧等离子体激励区域,且在滑动弧激励下,火焰的亮度增强,蓝色火焰更对称。稳定器下游(右侧窗口)的火焰面积更大。滑动弧激励既提高了煤油雾化质量,也将部分煤油大分子裂解为气态小分子燃料,从物理与化学层面均促进了冲压燃烧室内的稳定燃烧。

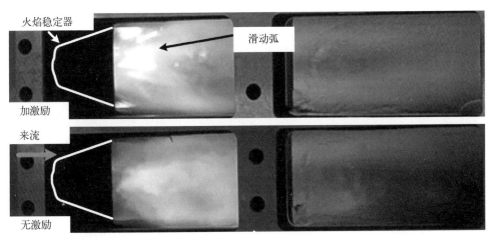

图 8.38 滑动弧等离子体激励前后火焰自发光照片(进口压力 70 kPa,进口温度 487 K)

保持燃烧室进口压力为 70 kPa、进口马赫数为 0.2,获得不同进口温度下的燃烧效率如图 8.39 所示。燃烧效率随着燃烧室进口温度的增加而增加,主要是因为进口温度的增加有利于促进煤油雾化蒸发,提高化学反应速率,从而促进煤油充分燃烧,提高燃烧效率。温度为 320 K 时,无滑动弧助燃下常规燃烧的燃烧效率为65.2%,滑动弧等离子体激励下,燃烧效率提高至 74.7%,提高约 14.5%。

滑动弧等离子体激励提高燃烧效率主要有三个原因:① 滑动弧等离子体可以显著降低煤油粒径,提高雾化蒸发速率。② 滑动弧等离子体油气活化可以源源不断地产生许多高化学活性物种,改变了化学反应路径,提高了化学反应速率。③ 滑动弧等离子体可以持续放电,源源不断地在稳定器回流区内诱导生成新的初始火核,多个小火核之间相互融合,形成大火核,降低了小火核被吹熄的概率,增强了火焰传播,显著提高了亚燃冲压燃烧室的燃烧效率。

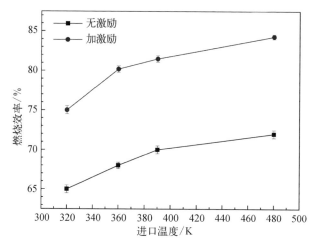

图8.39　冲压燃烧室的燃烧效率对比(P = 70 kPa, Ma = 0.2, φ = 0.552)

参考文献

[1]　赵承楠,詹花茂,郑记玲. 短空气间隙弧阻模型的研究[J]. 高压电器,2012,48(10): 12 – 16.

[2]　张志波. 多路放电等离子体合成射流激励器及其控制激波/附面层干扰的研究[D]. 西安: 中国人民解放军空军工程大学,2017.

[3]　李树豪,席双惠,张丽娜,等. 小分子燃料对 RP – 3 航空煤油燃烧作用的数值研究[J]. 推进技术,2018,39(8): 1863 – 1872.

[4]　张宝诚. 航空发动机试验和测试技术[M]. 北京: 北京航空航天大学出版社,2005.

[5]　徐旭,陈兵,徐大军. 冲压发动机原理及技术[M]. 北京: 北京航空航天大学出版社,2014.

[6]　贾晓,闫晓东. 吸气式组合动力飞行器爬升轨迹设计方法研究[J]. 西北工业大学学报, 2015,33(1): 104 – 109.

[7]　刘星. 高超声速巡航飞行器轨迹优化与制导方法研究[D]. 武汉: 华中科技大学,2017.

[8]　Hosokawa S, Ikeda Y, Nakajima T. Effect of flame holder shape on vortex shedding[C]. Lake Buena Vista: 32nd Joint Propulsion Conference and Exhibit, 1996.

[9]　Shaddix C R. Correcting thermocouple measurements for radiation loss: acritical review[C]. Livermore: Proceedings of the 33rd National Heat Transfer Conference, 1999.